SERVICE SANITAIRE VÉTÉRINAIRE

RAPPORT ANNUEL

SUR LES MALADIES CONTAGIEUSES

PARUES PENDANT L'ANNÉE 1891

PAR M. GUIBERT

Vétérinaire délégué, Chef du Service Sanitaire

CHALONS-SUR-MARNE

IMPRIMERIE-LIBRAIRIE-PAPETERIE DE L'UNION RÉPUBLICAINE

Rue d'Orfeuil, 27, rue Gambetta, 10

1892

SERVICE SANITAIRE VÉTÉRINAIRE

RAPPORT ANNUEL

SUR LES MALADIES CONTAGIEUSES

Parues pendant l'année 1891

MONSIEUR LE PRÉFET,

J'ai l'honneur de vous adresser le rapport général annuel concernant les maladies contagieuses qui ont sévi dans le département de la Marne pendant l'année 1891.

Appelé à la direction du service sanitaire au mois d'avril dernier, je résumerai les notes que mon honorable prédécesseur, M. Aumignon, m'a remises ainsi que celles que j'ai recueillies au courant du service. Parmi les maladies épizootiques désignées par la loi sanitaire et par le décret du 28 juillet 1888, le service sanitaire n'a observé que les maladies ci-après : La gale, la fièvre aphteuse, la morve, le farcin, le charbon bactéridien, le charbon bactérien, la tuberculose, le rouget, la pneumo-entérite infectieuse, la rage et la péripneumonie contagieuse (1).

(1) Je place cette dernière maladie la dernière parce qu'il n'y a pas de cadres pour elle et aussi parce qu'elle est la cause de la réorganisation du service sanitaire.

Gale

La gale ovine est relativement rare en Champagne et on peut dire qu'elle serait inconnue dans le département de la Marne si elle n'y était introduite par des moutons étrangers importés par quelques amateurs.

Au mois de mars dernier, le service sanitaire du marché de la Villette la constatait sur un troupeau envoyé par M. Blanrue, de Louvois, arrondissement de Reims, Cet éleveur avait acheté au mois de mai 1890 des moutons solognots espérant que ces animaux, plus rustiques et moins exigeants que les métis-mérinos, s'engraisseraient au pâturage et qu'ils seraient bons à livrer à la boucherie fin octobre. Ses prévisions ne s'étant pas réalisées, il fut obligé de les nourrir à l'écurie et, finalement, de les envoyer au marché de la Villette pour liquider la mauvaise spéculation dans laquelle il s'était engagé. Aussi, lors de notre visite, nous n'avons plus trouvé chez ce cultivateur que 23 moutons en mauvais état et plus ou moins galeux. Ces animaux furent tués sur place et les peaux trempées dans un bain arsénical. Quand aux locaux, ils furent nettoyés, puis désinfectés.

Le petit troupeau du berger communal (50 bêtes), contaminé par cinq moutons achetés à M. Blanrue, fut soumis au traitement curatif et la bergerie désinfectée.

Le 24 avril, M. Remy, vétérinaire à Congy, signalait l'existence de la gale sur un troupeau de 270 bêtes appartenant à M. Poupart, fermier à Etoges, arrondissement d'Epernay. Ici encore, l'enquête a établi que la maladie avait été importée par des moutons achetés en mai 1890, en Lorraine. Au début le propriétaire ne croyant pas à la gale, soigna ou fit soigner ses moutons par son berger et il attendit la généralisation de la maladie pour appeler un vétérinaire qui fut obligé de les soumettre deux fois au bain arsénical ; c'est ce qui explique les pertes assez fortes (34 moutons) subies par ce cultivateur. Quant aux bergeries, elles furent désinfectées très minutieusement : les pailles, fumiers et une petite couche du sol furent enlevés après arrosage avec le bain, les crèches, rateliers renouvelés, les murs recrépis, après avoir été lavés avec une solution de sulfure de potasse à 5 0/0 ; enfin, des fumigations sulfureuses furent faites.

A Lachy, arrondissement d'Epernay, où la gale était signalée le 9 juin, le propriétaire (un belge), avait contaminé son troupeau par l'introduction de quelques moutons allemands. Depuis plusieurs mois ce propriétaire qui a quelques prétentions médicales, soignait son troupeau lorsqu'un voisin, craignant pour le sien, fit la déclaration.

M. Moreau, de Sézanne, chargé de l'application des mesures sanitaires, après avoir fait tondre les 125 bêtes composant ce troupeau, les fit passer au bain arsénical sans accident. Quelques jours après, le propriétaire jugeant que ce bain ne serait pas suffisant, en fit préparer un second et il voulut, malgré les objections de mon confrère, procéder seul à l'opération. De ce fait 65 moutons moururent. Cet accident montre combien il faut être prudent dans l'application de ce traitement et la nécessité pour le vétérinaire de le diriger lui-même.

Les pertes causées par la gale en 1891 sont de 2,860 fr., somme relativement élevée eu égard au petit nombre des animaux atteints (468).

RELEVÉ DES CAS DE GALE DU MOUTON

ARRONDISSEMENTS	COMMUNES	NOMBRE D'EXPLOITATIONS infectées	NOMBRE D'ANIMAUX				MONTANT DE LA PERTE en argent	OBSERVATIONS
			COMPOSANT les troupeaux	ATTEINTS	MORTS	GUÉRIS		
Epernay....	Etoges....	1	270	270	34	236	1020	
	Lachy....	1	125	125	65	60	1600	
Reims......	Louvois...	2	73			50	240	23 ont été abattus sur place, ce qui occasionne une perte assez grande, la viande n'ayant pu être vendue sa valeur.
	Totaux....	4	468	395	99	346	2860	

Fièvre aphteuse

Depuis quelque temps on n'avait pas vu la Cocotte dans notre département lorsque les 17 et 24 décembre 1890, M. Girard, vétérinaire-inspecteur des marchés et abattoirs de la ville de Reims, la constatait sur des bœufs amenés à l'abattoir et venant directement du marché de la Villette. Le 7 janvier 1891 elle était signalée à Avize, puis, successivement en janvier, février, mars et avril à Châlons où elle paraît avoir été importée par des animaux venant des environs de Nancy, ainsi que dans les communes de Sommesous, Haussimont, Lenharrée, Aulnay-aux-Planches, de la petite vallée de la Somme, voisine de l'Aube. A Nogent-l'Abbesse, Villers-Allerand, Prunay, par des veaux sortant du marché de Reims ; à Fismes, Fresnes, Crugny, par les relations commerciales avec l'Aisne. Enfin, à la même époque et pour la même cause on la constatait à Montmort, puis à Montmirail sur trois génisses amenées par un marchand de Margny. Heureusement que l'inspecteur, M. Champagne, s'aperçut de l'état de ces trois génisses avant leur entrée sur le marché : Elles furent reconduites de suite dans leur étable, quant aux autres propriétaires présents à la foire, pris de peur, ils disparurent en un instant.

Le marché de Reims ayant été déclaré infecté de suite ainsi que toutes les étables atteintes, des enquêtes ayant permis d'étendre l'application des mesures sanitaires aux locaux contaminés et aux étables suspectes, le mouvement commercial avec les pays infectés fut momentanément suspendu, ce qui eut pour conséquence l'arrêt de la maladie et dès le 15 avril, sa disparition.

Ce résultat montre ce que peut l'administration secondée par une vigoureuse action du service sanitaire. La carte ci-jointe donnera rapidement une idée des origines et de la marche de cette petite épizootie qui causa néanmoins au département une perte de 6,255 francs.

ORIGINES ET MARCHE DE LA FIÈVRE APHTEUSE EN 1891

Dans la MARNE

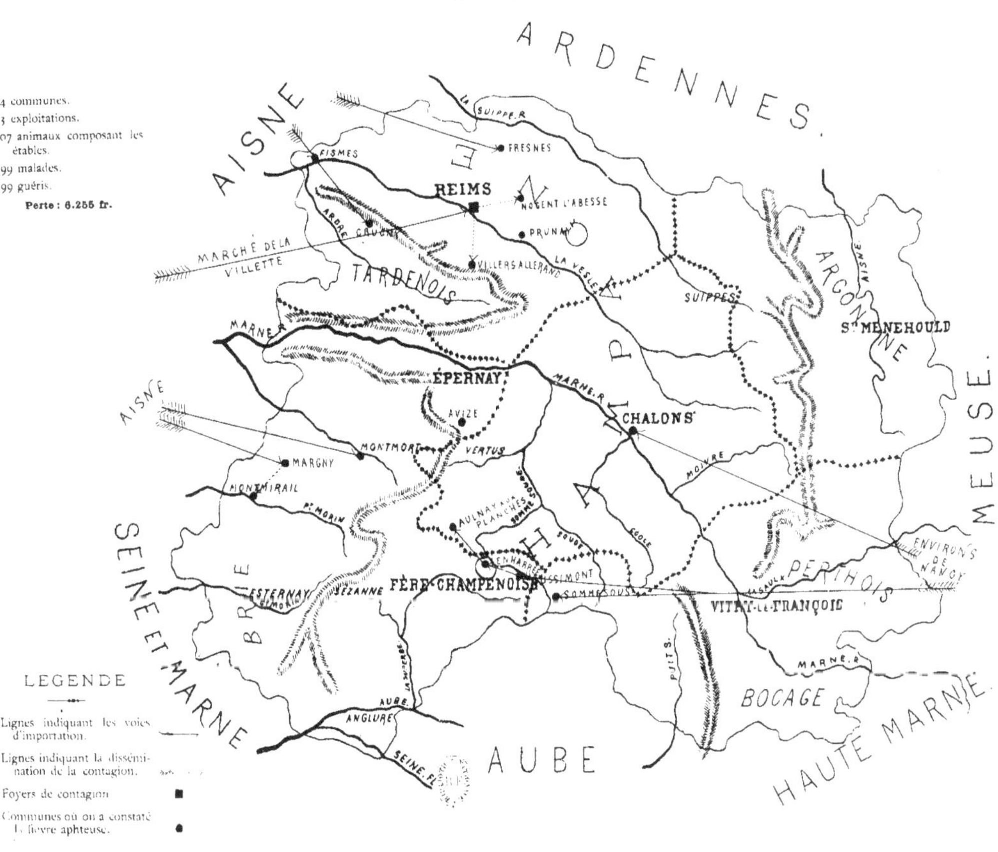

Relevé des cas de fièvre aphteuse.

ARRONDISSEMENTS.	COMMUNES.	NOMBRE d'exploitations infectées.	NOMBRE D'ANIMAUX DE L'ESPÈCE BOVINE composant les étables.	malades.	guéris.	MONTANT de la perte en argent.	OBSERVATIONS.
Châlons	Aulnay-aux-Planches	2	10	10	10	150	
	Châlons	2	18	18	18	540	
Epernay	Avize	1	9	7	7	150	
	Haussignémont	1	6	6	6	60	
	Lenharrée	1	7	7	7	70	
	Margny	1	7	3	3	30	
	Montmort	2	16	16	16	480	
Reims	Fismes	5	96	96	96	3.840	
	Fresnes	1	8	6	6	60	
	Crugny	1	2	2	2	550	
	Nogent-l'Abbesse	1	3	3	3	250	
	Prunay	2	5	5	5	200	
	Villers-Allerand	1	5	5	5	150	
Vitry-le-François	Sommesous	2	15	15	15	225	
TOTAUX	14	23	207	199	199	6.255	

Morve et farcin

La morve ou farcin a nécessité l'abatage de 21 chevaux et la désinfection de 39 écuries. C'est beaucoup comparativement à la population chevaline du département et cependant, si on tient compte du nombre élevé des vieux chevaux servant au halage, des chevaux de réforme provenant des régiments ou des petites voitures de Paris, employés par les petits cultivateurs de la Champagne et les marchands ambulants, on n'est plus surpris de voir fréquemment des cas de morve chronique.

En raison de la gravité de cette maladie et voulant l'enrayer, j'ai cru devoir, dans chaque cas, procéder moi-même à l'enquête prescrite par l'art. 99 du décret décret du 22 juin 1882, et faire appliquer rigoureusement les mesures de désinfection à toutes les écuries contaminées. Souvent ces enquêtes ne m'ont donné que des renseignements vagues, incertains. (Les animaux malades étant de vieux chevaux atteints de morve chronique, qui voyageaient souvent) ; d'autre fois elles m'ont permis de constater des faits intéressants et sur lesquels je reviendrai.

Deux cas ont été signalés par les commissions de recensement des chevaux : 1° A Cherville, sur un vieux cheval atteint de morve chronique, appartenant à un maraîcher logeant fréquemment dans les ecuries d'auberges : 2° à Belval-sous Hans, sur un cheval de halage appartenant au sieur Ménonville. L'histoire de ce cas de morve présentant quelque intérêt, je crois utile de rappeler maintenant les points principaux. Vers la fin d'avril le sieur Ménonville, conducteur de bateaux de passage à Sermaize, faisait visiter ses deux chevaux à notre confrère de cette localité, M. Thierry qui, en raison du peu de valeur de l'un d'eux et des symptômes de morve qu'il présentait (glande et jetage de mauvaise nature), conseille l'abatage du malade, l'isolement du suspect et la déclaration au maire de la commune où il devait se rendre.

Confiant dans la bonne foi du propriétaire qui paraissait tout disposé à suivre ses conseils, M. Thierry ne s'occupa plus de son client de passage qui le lendemain donnait son vieux cheval à un sieur Destenai Joseph, équarrisseur à l'Isle-en-Barrois (Meuse), en l'avertissant qu'il était morveux, et se rendait avec le suspect à son domicile à Belval, où il se gardait de faire la déclaration. Un mois après, le 1er juin, nous étions averti par une lettre de M. le maire de Belval, que la commission de classement des chevaux avait considéré le cheval du sieur Ménonville comme fortement suspect de morve. Aussitôt le reçu du rapport de ladite commission de recensement je vous ai demandé, les symptômes indiqués n'étant pas nettement caractéristiques, de vouloir bien déléguer MM. Renard, de Dampierre-le-Château, et Thierry, consulté par le propriétaire, pour procéder à l'examen de ce cheval. Ces vétérinaires ayant constaté une amélioration des symptômes indiqués par la commission, j'ai conseillé l'emploi des inoculations pour établir le diagnostic ; mais mes confrères se trouvant en présence d'un mauvais vouloir absolu, ne purent les employer.

Le 13 juin, prévenu par une dépêche de M. le Préfet de la Meuse en date du 9 juin, qu'un cheval abattu le 22 mai pour cause de morve, provenait d'un sieur Ménonville, de Belval, je procédai à une nouvelle enquête qui m'a permis d'établir que le sieur Ménonville n'avait pas fait la déclaration malgré l'avertissement du vétérinaire consulté, qu'une friction vésicante avait été faite sous l'auge et que le malade avait été soumis à un régime spécial dans le but de faire disparaître les symptômes de morve constatés par la commission de classement ;

Que deux autres chevaux, en voyage avec Ménonville fils, avaient été en contact avec les malades et qu'ils avaient logé dans le même local à Sermaize ;

Que le sieur Joseph Destrenay, de l'Isle-en-Barrois avait vendu avec connaissance de cause le cheval à lui donné par Ménonville.

En conséquence, j'ai conclu : qu'il y avait lieu de continuer de surveiller le cheval suspect ;

De charger la brigade de gendarmerie de Givry de veiller à l'application stricte des mesures sanitaires ;

De déclarer infecté le local de Sermaize où le malade avait logé ;

De considérer les deux chevaux en voyage comme suspects et par suite (Ménonville n'ayant pas pu ou plutôt voulu me donner des indications sur l'itinéraire suivi par son fils) de les faire rechercher pour les soumettre à une visite sanitaire ;

De déférer le sieur Ménonville au tribunal compétent pour infraction à la loi sanitaire du 21 juillet 1881 ;

D'informer M. le Préfet de la Meuse que le sieur Ménonville avait donné son cheval à Destrenay en lui disant : ce cheval est morveux, je vous le donne pour l'abattre ».

Un mois après, le 7 août, sur un ordre faisant suite à une circulaire ministérielle recommandant l'emploi des inoculations aux cobayes pour établir le diagnostic, je me rendis de nouveau à Belval, mais les symptômes étant devenus caractéristiques et le propriétaire s'étant rendu compte lui-même de l'inutilité de ses soins, l'abatage fut décidé. L'autopsie confirma le diagnostic ; quant aux deux suspects qui avaient été ramenés à Belval ; ils périrent peu de temps après dans un incendie. Pour ce motif on fit à Ménonville la remise de l'amende à laquelle il avait été condamné pour infraction à la loi sanitaire.

Ce cas de morve est instructif à plus d'un point : il montre qu'un vétérinaire ne doit jamais s'en rapporter complètement au propriétaire pour faire la déclaration, que dans le cas d'amélioration de l'état d'un cheval suspect de morve il ne faut pas se hâter de conclure négativement, qu'il est indispensable de poursuivre très loin les enquêtes pour découvrir les animaux ou les locaux qui ont été exposés à la contagion, enfin, qu'il est absolument nécessaire de surveiller les clos d'équarrissage et de supprimer ceux qui ne sont pas autorisés, pour éviter ce qui s'est passé dans la Meuse.

Deux cas de morve et un de farcin ont été signalés par les services d'inspection des abattoirs de Reims et de Vitry-le-François. Le cheval trouvé morveux à Vitry était un vieux cheval provenant de Sompuis ; le farcineux provenait d'un hôtel de Ste-Ménehould et le troisième de l'auberge des *Trois poissons*, à Reims, où logent les chevaux de halage.

16 cas de morve ont été déclarés par les vétérinaires sanitaires :

Un à St-Masmes, par M. Beaudier, d'Isle-sur-Suippe, sur un vieux cheval allant d'auberge en auberge ;

Un à Hermonville, par M. Doyen, vétérinaire en

cette localité, sur un vieux cheval appartenant à un brocanteur ;

Un à Hauteville, par M. Husson, de Thiéblemont, sur un cheval âgé ;

Un à Chaintrix, par M. Lenoir, de Vertus, sur un vieux cheval entretenu isolément, mais d'origine inconnue ;

Deux à Vitry-le-François, par M. Bernard, vétérinaire, sur deux chevaux de halage. Ces deux chevaux avaient été envoyés de Reims avec 6 autres par un sieur Taillez, entrepreneur de transports à Chauny (Aisne). A l'arrivée à Vitry, un cheval était trouvé mort dans le wagon — l'autopsie n'a pas été faite —, un autre était fortement boîteux. M. Bernard, appelé à le visiter quelques jours après, constata qu'il était atteint de morve ainsi que son compagnon ; quant aux cinq autres ils n'ont rien présenté d'anormal pendant la période de surveillance ;

Un à Thibie, par M. Aumignon, de Châlons, sur un cheval acheté en cette ville quelques jours avant à un conducteur de bateaux ;

Un à Heiltz-l'Evèque, par M. Suaire, de Bassuet, sur un cheval entretenu isolément ;

Deux à Châlons, par nous, sur un cheval acheté à un équarrisseur trois mois avant et sur un cheval de louage :

Deux à Bassu, par M. Suaire, de Bassuet ;

Un à Moncetz, par M. Aumignon ;

Un à Chepy et deux à Dampierre, par nous.

Les enquêtes relatives à ces six derniers cas démontrent qu'ils ont entre eux, au point de vue de l'origine, une connexion très étroite, je vais rappeler les faits observés.

Au mois de janvier 1890, la morve était constatée sur un vieux cheval appartenant à un cultivateur de Moncetz. La déclaration faite, on se contenta d'abattre le cheval et de faire désinfecter l'écurie.

Au mois de mai suivant, je constatais la morve sur un jeune cheval appartenant à M. X., maraîcher à Chepy (village situé à 1 kilomètre du premier), ne pouvant m'expliquer la cause de ce cas de morve sur un jeune cheval vigoureux, entretenu isolément dans de bonnes conditions hygiéniques, je questionnai le propriétaire qui m'apprit qu'il venait toutes les semaines à Châlons et qu'il mettait son cheval dans la même auberge et à côté du cheval qui avait été abattu à Moncetz en janvier. Connaissant le motif de l'abatage, je connaissais la cause : le cheval de mon client avait contracté la morve dans l'auberge du sieur B..., aubergiste à Châlons. Je signalai le fait en temps utile.

En septembre 1890, un cultivateur de Bassu, dont un des deux chevaux venait aussi toutes les semaines chez le sieur B..., de Châlons, faisait appeler M. Suaire, vétérinaire à Bassuet, pour soigner ses chevaux qui, à ce moment, présentaient des symptômes d'angine gourmeuse. Une amélioration rapide s'étant produite sous l'influence du traitement ordonné, mon confrère perdit de vue ces deux chevaux, lorsqu'en mai 1891 il fut appelé de nouveau, parce que, au dire du propriétaire, malgré des apparences de santé, ces deux chevaux, depuis leur maladie, toussaient toujours et jetaient souvent. M. Suaire les ayant déclarés suspects de morve, fit la déclaration et je me rendis sur place pour les visiter et faire l'enquête prescrite. C'est ce qui m'a permis d'établir que l'un d'eux ne sortait de la localité que pour venir à Châlons chez l'aubergiste

B... où il était souvent placé à côté du cheval de Chepy. En présence de ces renseignements il n'y avait plus de doute : le cheval qui venait à Châlons toutes les semaines chez B... avait été contaminé par les chevaux de Moncetz et Chepy de janvier à mai, et les premiers symptômes qui se manifestèrent en septembre ayant été masqués par ceux plus accentués d'angine, ne furent connus que le 4 mai. Aussitôt j'ai demandé un arrêté de déclaration d'infection portant sur l'écurie du sieur B..., de Châlons, qui fut très minutieusement désinfectée. Mais de septembre 1890 à mai 1891, d'autres chevaux avaient pu être contaminés. C'est ainsi que le 22 janvier 1891 la morve était constatée de nouveau sur le cheval que le cultivateur de Moncetz avait racheté, lequel cheval avait été en contact (toujours chez B...), avec le cheval de Chepy et avec celui de Bassu.

Que le 2 mai je constatais la morve sur un cheval appartenant à un meunier de Dampierre, lequel cheval avait été acheté deux mois avant chez X. le maraîcher de Chepy. Aussitôt l'abatage de son cheval et la désinfection de l'écurie en mai 1890, X. avait acheté un cheval élevé dans une ferme, et en bon état. Pour éviter la contagion il avait acheté des harnais neufs et avait logé son cheval dans une autre écurie ; mais, contrairement à mes conseils, il continua à aller chez B... tous les samedis où son nouveau cheval était fréquemment en contact avec ceux de Bassu et de Moncetz. En mars il changea son cheval (1) à un marchand de Châlons qui le revendit deux jours après à ce meunier de Dampierre où il était trouvé morveux 2 mois après.

(1) J'ai su longtemps après que ce cheval avait eu 15 jours avant l'échange une hémorrhagie nasale.

Le voisin d'écurie contracta aussi la morve. Enfin, le 29 mai je constatais encore un cas de morve sur un cheval appartenant à M. C..., cultivateur à Chepy, lequel amenait aussi son cheval toutes les semaines chez B....

Si on comprend le cheval de M. X., de Chepy, et abattu en mai 1890 on a donc un total de 7 cas de morve en un an (mai 1890 à mai 1891), ayant pour point de départ l'écurie B..., et le cheval de Moncetz abattu en janvier 1890.

En dehors de ces cas de morve ayant pu établir qu'un cheval de halage, reconnu morveux à Charenton par le service sanitaire de la Seine, avait séjourné dans huit écuries d'auberges de la Marne ; qu'un autre, reconnu morveux dans la Meuse, avait séjourné dans plusieurs auberges, des arrêtés de déclaration d'infection portant sur toutes ces auberges ont été pris et les écuries ont été complètement désinfectées.

Ce qui précède et un coup d'œil jeté sur la carte ci-jointe permettent de constater que la morve est surtout fréquente dans les localités voisines des grandes voies de navigation et que les chevaux de halage constituent une cause très active de propagation de cette maladie dans notre département. Pour remédier à cet état de chose il serait nécessaire de visiter très fréquemment les chevaux de halage et les écuries où ils logent, chose que nous vous proposons de faire et que nous ferions d'une manière très suivie s'il nous était possible de consacrer tout notre temps au service sanitaire.

Relevé des cas de Morve et Farcin.

ARRONDISSEMENTS.	COMMUNES.	NOMBRE D'EXPLOITATIONS INFECTÉES pendant l'année.	TOTAL.	NOMBRE DE CHEVAUX atteints ou déclarés suspects pendant l'année.	TOTAL.	NOMBRE DE CHEVAUX abattus.	reconnus sains après surveillance.	restant en surveillance au 31 décembre.	TOTAL.	MONTANT de LA PERTE en argent.	OBSERVATIONS.
Châlons	Chaintrix	1	1	1	1	1	»	»	»	500	Dans le nombre des exploitations déclarées infectées, on a compris aussi celles où des chevaux morveux avaient séjourné seulement.
	Châlons	6	6	8	8	2	1	5	6	600	
	Cherville	1	1	1	1	1	»	»	»	240	
	Chepy	2	2	2	2	1	1	»	1	200	
	Condé	1	1	»	»	»	»	»	»	»	
	Dampierre	1	1	4	4	2	2	»	2	700	
	Moncets	1	1	1	1	1	»	»	»	150	
	Recy	1	1	»	»	»	»	»	»	»	
	Thibie	1	1	1	1	1	»	»	»	350	
	Pogny	1	1	»	»	»	»	»	»	»	
	Le Fresne	1	1	»	»	»	»	»	»	»	
	Vraux	1	1	»	»	»	»	»	»	»	
Epernay....	Cumières	1	1	»	»	»	»	»	»	»	
	Port-à-Binson ...	1	1	»	»	»	»	»	»	»	
Reims......	Bétheniville	1	1	»	»	»	»	»	»	»	
	Pontfaverger ...	1	1	»	»	»	»	»	»	»	
	Hermonville	1	1	1	1	1	»	»	»	200	
	Saint-Masmes ...	1	1	1	1	1	»	»	»	250	
	Reims	1	1	1	1	1	»	»	»	150	
Vitry-le-François.......	Hauteville	1	1	1	1	1	»	»	»	150	
	Bassu	1	1	2	2	2	»	»	»	1.500	
	Heiltz-l'Évêque ..	1	1	1	1	1	»	»	»	350	
	Sompuis	1	1	3	3	1	2	»	2	120	
	Vitry-le-François	3	3	8	8	2	6	»	6	300	
	Sermaize	2	2	»	»	»	»	»	»	»	
	Vitry-en-Perthois	1	1	»	»	»	»	»	»	»	
	Couvrot	1	1	»	»	»	»	»	»	»	
	La Chaussée	1	1	»	»	»	»	»	»	»	
Sainte-Ménehould	Belval-sous-Hans	1	1	3	3	1	»	»	»	500	Les deux suspects ont été brûlés.
	Ste-Ménehould ..	1	1	3	3	1	2	»	2	150	
TOTAUX. ..	30	39	39	42	42	21	14	5	19	6.410	

MORVE DANS LA MARNE EN 1891

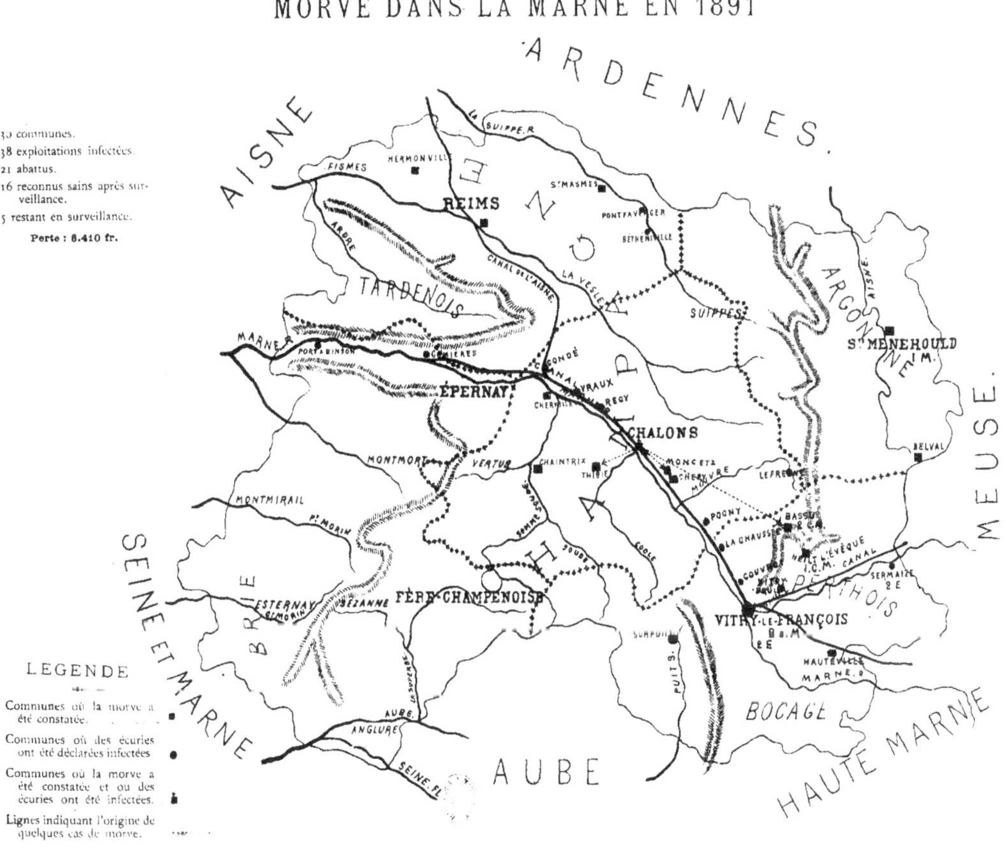

Charbon bactéridien

Très fréquente avant la découverte de la vaccination pastorienne, cette maladie tend à disparaître tous les jours de plus en plus ; cependant je crois devoir faire remarquer que les pertes qu'elle a causées cette année sont certainement supérieures au chiffre indiqué. On sait, en effet, que dans la Brie champenoise, beaucoup de cas isolés de sang de rate ne sont pas déclarés. Cette omission est d'autant plus regrettable que dans ces cas l'enfouissement des cadavres étant mal fait et la désinfection totalement négligée, les cultivateurs disséminent la contagion et se préparent de nouveaux sinistres pour les années suivantes. Je me propose d'appeler l'attention des vétérinaires sanitaires et des maires sur ce point.

La fièvre charbonneuse n'a pas été signalée sur des troupeaux. M. Girard, vétérinaire municipal, l'a constatée à l'abattoir de Reims sur un bœuf provenant de Condé-sur-Suippe (Aisne). M. le Préfet de ce département en a été informé en temps opportun. M. Déchery l'a signalée sur deux bœufs de la sucrerie de cette localité. Le 18 juillet je l'ai constatée sur une vache à Togny-aux-Bœufs où j'ai vacciné 140 bêtes bovines de cette localité ; enfin, M. Gobeaut, de Reims, l'a constatée sur une vache à Gueux.

MM. Déchéry et Bonnemain ont aussi inoculés préventivement 170 bovidés et 240 moutons.

Relevé des cas de Charbon bactéridien.

ARRONDISSEMENTS.	COMMUNES.	NOMBRE d'exploitations infectées.	ESPÈCE BOVINE. NOMBRE D'ANIMAUX composant les étables.	atteints.	morts de la maladie	inoculés préventivement.	ESPÈCE OVINE. — NOMBRE d'animaux inoculés préventivement.	MONTANT des pertes en argent.	OBSERVATIONS.
Châlons …	Togny…………	1	3	1	1	140	»	300	
	Aulnizeux………	»	»	»	»	13	240	»	
Epernay…	Coizard ………	»	»	»	»	26	»	»	
Reims……	Gueux ………	1	4	1	1	»	»	400	
	Fismes………	1	70	2	2	15	»	1.400	
	Magneux ………	»	»	»	»	4	»	»	
	Arcis-le-Ponsard ..	»	»	»	»	113	»	»	
TOTAUX.	7	3	77	4	4	311	240	2.160	

Charbon bactérien

Le charbon symptomatique est rare dans notre département, cependant on l'observe quelquefois dans les arrondissements de Ste-Ménehould et de Vitry-le-François. Deux vétérinaires l'ont signalé : M. Pérard, de Triaucourt, sur deux vaches appartenant à deux propriétaires de Belval-sous-Hans ; M. Pouillot, d'Heiltz-le-Maurupt, sur cinq génisses faisant partie d'un troupeau de 31 bovidés appartenant à un fermier de Charmont.

Les mesures sanitaires prescrites par l'arrêté du 28 juillet 1888 ont seules été employées pour combattre cette maladie, la vaccination préconisée par M. Arloing étant beaucoup moins connue que celle employée contre le sang de rate ; cependant nous nous proposons, le cas échéant, de la préconiser et de la vulgariser dans les localités où le charbon bactéridien s'observe.

Relevé des cas de Charbon bactérien.

ARRONDISSEMENTS.	COMMUNES.	NOMBRE d'exploitations infectées.	NOMBRE D'ANIMAUX DE L'ESPÈCE BOVINE composant les étables.	atteints.	morts de la maladie.	MONTANT de la perte en argent.	OBSERVATIONS.
Ste-Ménehould.	Belval-sous-Hans	2	6	2	2	360	
Vitry-le-Franç.	Charmont	1	31	5	5	1.000	
Totaux...	2	3	37	7	7	1.360	

CHARBON BACTÉRIDIEN ET CHARBON BACTÉRIEN EN 1891

Dans la MARNE

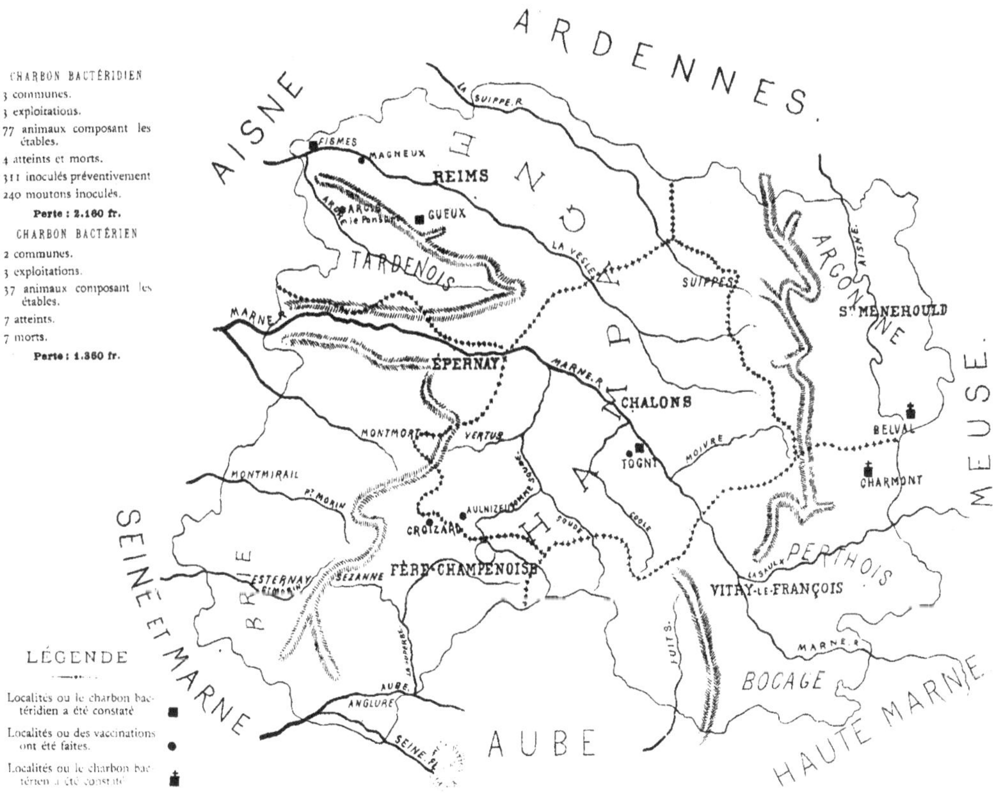

Tuberculose

Pendant l'année 1891, il a été constaté dans la Marne 68 cas de tuberculose entraînant la saisie de 66 animaux. 13 ont été signalés par les services sanitaires des villes de Paris (10), Troyes (1), Verdun (1), Nancy (1) ; 16 pour l'abattoir de Châlons, 3 pour celui de Reims, 23 pour les abattoirs des petites villes de Ste-Ménehould, Vitry-le-François, Sézanne, Suippes, Vertus, Montmirail ; onze cas ont été constatés sur les animaux vivants, chez les propriétaires, par MM. Brissot, de Suippes, Collard, de Vitry, Douarche, de Sézanne, Gloux, de Caurel, Guibert, de Châlons. Deux fois la tuberculose a été constatée après la mort.

16 cas ont été constatés sur des animaux provenant d'autres départements.

A Châlons, sur une vache achetée au marché de la Villette.

A Vitry-le-François, sur une vache venant de Bar-le-Duc.

A St-Utin, sur une vache provenant de Bar-le-Duc.

A Reims, sur 10 vaches, 1 taureau et 1 bœuf d'origines indéterminées.

Tous les cas signalés ont fait l'objet d'enquêtes pour découvrir la provenance des malades, connaître l'état sanitaire des animaux de l'exploitation et prescrire les mesures de désinfection nécessaires. Presque tous les rapports relatifs à ces enquêtes ont été négatifs ; cependant, deux fois on a trouvé des tuberculeux dans des étables où cette maladie avait été constatée sur des animaux envoyés à l'abattoir.

Le peu de résultat donné par ces enquêtes est dû à

ce que la tuberculose est presque toujours très lente avant de se généraliser, qu'elle coïncide souvent avec les apparences de la santé que les vétérinaires n'ayant pas à leur disposition tous les moyens nécessaires pour établir le diagnostic, s'abstiennent dans les cas douteux. Ce serait donc rendre un immense service à l'agriculture et à l'hygiène publique que de trouver, comme semblent le démontrer les récentes expériences de mon savant maître M. Nocard, un moyen de déterminer sûrement le diagnostic précis de la tuberculose.

En examinant sur la carte ci-jointe la répartition des communes où cette maladie a été constatée, on voit que c'est pour ainsi dire exclusivement dans la partie centrale, dans ce qu'on appelle la Champagne proprement dite qu'elle a sévi. Cela est dû à ce qu'en Champagne, beaucoup de petits cultivateurs, ne pouvant acheter des animaux de grand prix pour nourrir, achètent de vieilles vaches provenant du Bocage du Perthois, de l'Argonne, de la Meuse, des Ardennes, pour les arrondissements de Châlons et Reims, et de la Brie pour l'arrondissement d'Epernay. Déjà plus ou moins phthisiques, beaucoup de ces vieilles vaches, entretenues en stabulation permanente dans des locaux peu aérés, encore moins éclairés, et fortement nourries, deviennent rapidement, sous l'influence de ce régime, tuberculeuses à un degré fort avancé.

Ces petits propriétaires, se trouvant placés entre leur vendeur irresponsable et le boucher qui se fait rembourser lorsque l'animal est saisi, ont subi des pertes assez sensibles ; aussi réclament-ils tous l'inscription de cette maladie dans la loi sur les vices rédhibitoires et une indemnité dans les cas de saisies.

Les saisies qui ont été faites dans les abattoirs et les mesures sanitaires qui ont été prises ayant attiré l'attention des cultivateurs sur cette maladie auront pour résultat l'amélioration des conditions hygiéniques des étables, la vente des vaches avant leur épuisement (les nourrisseurs ne voulant plus s'exposer aux saisies, n'achèteront plus les vaches douteuses), et par suite, la diminution de la tuberculose bovine.

Relevé des cas de Tuberculose.

ARRONDISSEMENTS.	COMMUNES.	NOMBRE D'ÉTABLES dans lesquelles des cas se sont produits.	NOMBRE D'ANIMAUX — ATTEINTS. — Vaches laitières.	Autres bêtes bovines.	Morts.	Abattus.	MONTANT de la perte en argent.
	Breuvery......	1	1	»	»	1	60
	Courtisols.	4	5	»	»	5	1.685
	Châlons.......	1	1	»	»	1	350
	Chepy	1	1	»	»	1	375
	Coupetz.......	1	2	»	»	2	300
	Coupéville.....	1	1	1	»	1	°00
	Juvigny	1	1	»	»	1	250
	La Cheppe....	1	1	»	»	1	400
	La Veuve.....	1	1	»	»	1	300
Châlons..	Mairy	2	2	»	»	2	540
	St-Etienne	1	1	»	»	1	450
	St-Gibrien.....	2	2	»	»	2	712
	Saint-Martin...	1	1	»	»	1	375
	St-Pierre-aux-Oies.	1	1	»	»	1	375
	Sogny	1	1	»	»	1	320
	Vertus........	1	1	»	»	1	350
	Vaudemanges..	1	1	»	»	1	150
	Matougues	1	1	»	»	1	322
	Athis.	1	1	»	»	1	340
	Anglure	1	1	»	»	1	440
	Angluzelles-Courcelles	2	2	»	»	2	570
	Bannes	2	2	»	»	2	450
	Broyes........	1	1	»	»	1	400
	Chouilly	1	1	»	»	1	60
	Courbetaux....	1	1	»	»	1	240
	Fère-Champen.	4	4	»	»	4	1.500
	Janvillers	1	1	»	»	1	320
Epernay.	Le Vézier	1	1	»	»	1	80
	Montmirail....	1	1	»	»	1	»
	Moslins.	1	2	»	»	2	800
	Saudoy.	1	1	»	»	1	225
	Saint-Loup....	1	1	»	»	1	150
	Sézanne	1	2	»	»	2	600
	Villeneuve-la-Lionne	1	»	1	»	1	480
	Vindey	1	1	»	»	1	300
	Pleurs........	1	1	»	»	1	350
	Bourgogne	1	1	1	»	2	»
	Champfleury ...	1	1	»	»	1	450
	Cernay-l-Reims	1	1	»	»	1	380
Reims. ..	Fismes..... ..	1	»	1	»	1	750
	Isle-sur-Suippe	1	1	»	1	»	200
	Trois-Puits....	1	1	»	»	1	285
	St-Mard-s-Auve	1	1	»	»	1	275
Ste-Ménehould...	St-Remy-sur-Bussy.	1	1	»	»	1	300
	Valmy	1	1	»	»	1	200
	Vienne-le-Chât.	1	»	1	1	»	110
	Norrois	1	1	»	»	1	100
	Pargny	1	»	1	»	1	350
Vitry-le-François	Songy	3	3	»	»	3	720
	Vitry	1	1	»	»	1	150
	Soudé	1	1	»	»	1	120
TOTAUX.	51	63	62	6	2	66	19.209

TUBERCULOSE EN 1891 DANS LA MARNE

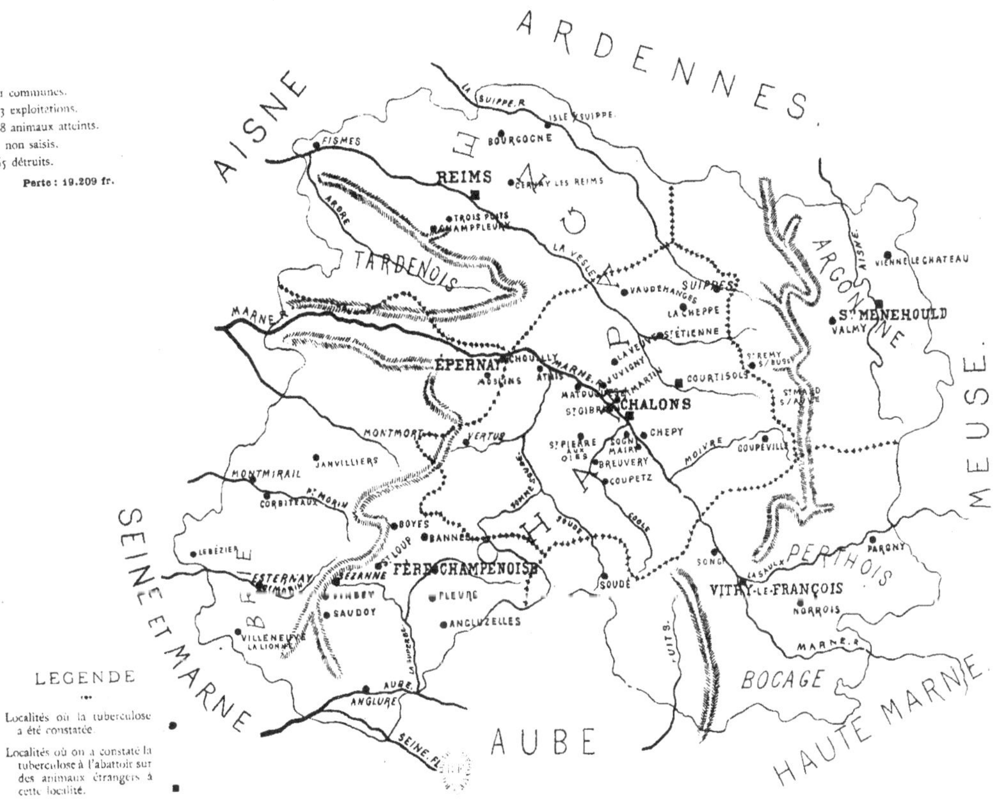

Rouget.

Le Rouget, que j'ai signalé pour la première fois officiellement, dans notre département, en juillet 1889, a été constaté cette année dans 11 communes, 23 exploitations comprenant 221 porcs ; sur 113 animaux, il a occasionné la mort de 104 porcs estimés 4.913 francs.

Signalé en fin avril par le service sanitaire de l'Aisne et par M. Gloux, de Caurel, j'ai pu établir par enquête que cette maladie avait été importée par deux marchands de la Marne, d'Isles-sur-Suippe et Boult-sur-Suippe, et un de l'Aisne, qui avaient acheté des porcs à la même époque au marché de Formerie (Oise).

Les animaux contaminés vendus par ces marchands avec les apparences de la santé à de petits cultivateurs des environs de Bazancourt et de Dormans qui entretiennent isolément en stabulation permanente, un ou deux de ces animaux pour les besoins du ménage, sont morts rapidement sans propager la maladie. Les mesures de désinfection qui ont été exécutées dans chaque local infecté seront certainement suffisantes pour faire disparaître tout danger ultérieur. Au mois de septembre, j'ai constaté cette maladie dans une grande porcherie, à Courtisols où elle a été causée par l'envoi de petits porcs venant de la maison Duval près de Revigny (Meuse), qui elle-même les avait reçus de l'Oise. Ici, le rouget s'est montré tout particulièrement meurtrier : 55 porcs sont morts en quelques jours et 80 ont été abattus pour éviter de plus grandes pertes. Enfin, le Service sanitaire de l'Aube signalait en novembre le rouget sur un porc provenant de Gigny-aux-Bois. Cet animal provenait d'un petit cultivateur

Pneumo-entérite infectieuse du porc.

Cette maladie a été signalée par MM. Gloux et Blot dans deux porcheries de Reims, et le Service sanitaire des Ardennes nous a informé qu'un marchand d'Isle-sur-Suippe avait vendu des porcs atteints de cette maladie dans ce département.

L'enquête que nous avons faite a permis d'établir que les porcs vendus dans les Ardennes avaient été importés directement du marché de Formerie (Oise). Pour ce motif et à cause de la similitude des symptômes de cette maladie et du rouget, nous croyons qu'il y a peut-être eu là une confusion. Néanmoins, ne pouvant pas être affirmatif, nous inscrivons à l'actif de cette maladie deux communes, 5 exploitations, 77 malades, 61 morts et 2.365 francs de pertes.

ROUGET & PNEUMO-ENTÉRITE EN 1891

Dans la MARNE

ROUGET

11 communes.
23 porcheries.
221 porcs composant les porcheries.
113 atteints.
104 morts.
9 guéris.

Perte : 4.913 fr.

PNEUMO-ENTÉRITE

2 communes.
5 exploitations.
89 porcs composant les porcheries.
77 atteints.
61 morts.
16 guéris.

Perte : 2.365 fr.

LEGENDE

Lignes indiquant les voies d'importation du rouget.

Communes ou le rouget a été constaté. ●

Où le rouget et la pneumo-entérite ont été constatés ■

Relevé des cas de Pneumonie-entérite.

ARRONDISSEMENTS.	COMMUNES.	NOMBRE d'exploitations infectées.	NOMBRE D'ANIMAUX				MONTANT de la perte en argent.	OBSERVATIONS.
			composant les porcheries.	atteints.	morts de la maladie.	guéris.		
Reims	Reims	2	81	73	57	16	2.245	Cette maladie a été causée par des porcs venant de Formerie.
	Isle-sur-Suippe...	3	8	4	4	»	120	
TOTAUX...	2	5	89	77	61	16	2.365	

Rage.

La rage canine n'a pas été signalée cette année dans notre département ; seul, M. Brissot, vétérinaire à Suippes, croit l'avoir observée sur une vache achetée depuis peu et d'origine inconnue. Perte 350 francs.

ARRONDISSEMENT.	COMMUNE.	ABATTUE comme ENRAGÉE.	VALEUR en ARGENT.
Ste-Ménehould	Perthes-les-Hurlus ...	1 vache.	350

Péripneumonie contagieuse.

La péripneumonie a nécessité l'abatage de 66 animaux appartenant à 34 propriétaires dans 18 communes. En 1890, elle avait été constatée dans 51 communes, chez 75 propriétaires, sur 212 animaux. C'est donc une diminution en faveur de 1891, de 146 péripneumoniques.

Le tableau ci-après indique la part afférente à chaque arrondissement, commune et propriétaire :

Relevé des cas de Péripneumonie en 1891.

ARRONDISSEMENTS.	COMMUNES.	PROPRIÉTAIRES	NOMBRE des animaux composant les étables.	NOMBRE D'ANIMAUX ABATTUS		NOMBRE des animaux inoculés.	VALEUR des abattus par ordre.	OBSERVATIONS.
				malades.	préventivement.			
Châlons.	Saint-Memmie	Vallet-Herment	»	1	»	»	310	Vache abattue par ordre ministérielle.
	Mairy	Bruant	5	1	»	4	420	
	Thihie	Bodonvillé	10	8	2	»	3.260	
		Parmentier	4	1	»	3	375	
		Nicaise	6	1	»	5	130	
	Rouffy	Rocher	2	1	»	1	325	
	Villeneuve	Gérard	6	3	3	»	1.105	
	St-Pierre-aux-Oies	Rivière	1	1	»	»	300	
	Nuisement	Bouquemont	13	4	2	7	1.625	
Epernay.	Fère-Champenoise	Radet-Jolly	1	1	»	»	225	
		Prieur-Lejeune	5	1	»	4	375	
		Prieur-Gallois	1	1	»	»	375	
		Leblanc	5	1	»	4	300	
		Verdet	2	1	»	1	350	
	Broussy-le-Grand.	Verdet-Vergeot	2	1	»	1	425	
		Lalyre-Boguet	9	1	»	8	340	
		Mauclère	15	5	»	10	1.915	
		Pigeoliot	10	3	»	7	1.065	
		Joly (Jules)	9	5	»	4	1.910	
		Joly (Louis)	5	3	1	1	920	
Reims.	Fismes	Macherez et Cᵉ	115	1	»	114	»	Un veau de lait né après la déclaration a été aussi abattu.
	Nogent-l'Abbesse	Sauterez	3	1	»	2	»	
	Bourgogne	Groud-Dupont	8	1	»	7	»	Bœuf envoyé à Reims sur lequel on a trouvé des lésions anciennes. L'exploitation a été déclarée infectée par prudence, aucun cas ne s'est produit.
	Thillois	Darlois	9	3	»	6	1.250	
		Guyennet	7	1	»	6	»	
	Bezannes	Schlessen	2	1	1	»	300	
	Champfleury	Boucton	6	6	»	»	2.910	
	Trois-Puits	Barbier	6	1	»	5	375	
Sainte-Ménehould.	Herpont	Huguet	7	1	»	6	450	
		Champion	9	2	»	7	435	
		Michelet	6	1	»	5	»	
		Brémont	1	1	»	»	»	Trouvé péripneumonique à l'abattoir de Châlons.
		Maussenot	8	1	»	7	470	
	Braux-St-Remy	Lesaffre et Cᵉ	77	1	»	76	»	Bœuf de travail atteint de lésions chroniques. L'exploitation a été déclarée infectée par prudence.
TOTAL	18	34	375	66	9	301	22.250	

Dans son rapport annuel de 1890, l'honorable M. Aumignon, mon prédécesseur, n'ayant donné qu'un tableau chronologique des différents cas de péripneumonie constatés en 1890, il est très difficile, avec ce document, de dégager les différentes origines et d'expliquer la marche de cette épizootie qui remonte au mois d'octobre 1889. Je vais donc essayer, avant de suivre la maladie en 1891, de montrer, en jetant un coup d'œil rapide en arrière, en groupant les faits, en donnant quelques renseignements sur les différents modes de culture, l'entretien des animaux, les habitudes ou relations commerciales, de montrer, dis-je, pourquoi la péripneumonie a sévi dans telle région plutôt que dans telle ou telle autre du département, et de faire ressortir les causes qui ont favorisé sa rapide extension.

Le département de la Marne, au point de vue agricole et, par suite, au point de vue des maladies contagieuses, peut se diviser en deux régions ou parties bien distinctes :

L'une périphérique, l'autre centrale, se continuant au nord dans les Ardennes, au midi dans l'Aube, et séparée de la première par des collines de quelque élévation. (Voir la carte ci jointe).

La première comprend : 1° à l'ouest, le Tardenois, dans l'arrondissement de Reims, et la Brie champenoise, dans l'arrondissement d'Epernay. Cette région, formée par les terrains tertiaires du bassin de Paris, et éloigné des grandes villes, n'importe pas de bestiaux ; au contraire, la généralité des vieilles vaches de la Brie champenoise est achetée par les cultivateurs des environs de Sézanne et Fère-Champenoise. Quant aux relations commerciales de cette région, elles se font avec l'Aisne et la Seine-et-Marne, aussi il n'y a pas de péripneumonie de ce côté. Je ne tiens pas compte du cas signalé à Bergères-sous-Montmirail qui laisse des doutes sur sa nature : la bête atteinte était isolée depuis plus de deux ans et les lésions trouvées à l'autopsie n'étaient pas bien caractéristiques.

2° A l'est, l'Argonne dans l'arrondissement de Sainte-Ménehould, le Perthois et le Bocage dans celui de Vitry-le-François. Ces régions où dominent la craie inférieure et les grès verts sont humides et fertiles. Les cultivateurs élèvent leur bétail, et l'excès de production, c'est-à-dire les vieilles vaches, est envoyé, pour ainsi dire exclusivement, dans l'arrondissement de Châlons. Les trois cas de péripneumonie observés dans cette région étant dus à des circonstances exceptionnelles, ne se sont pas étendus.

A Favresse, M. Félix, qui est un grand agriculteur faisant de la culture industrielle et renouvelant fréquemment son bétail, a importé la péripneumonie dans son exploitation avec des vaches venant de la Meuse.

A Argers, M. Champion, comme tous les cultivateurs de la localité, élève et n'achète pas de bestiaux ; mais, en novembre 1889, n'ayant plus de taureau, il se décida à en acheter un qu'un boucher des environs avait ramené du marché de La Villette. Etant devenu malade peu de temps après son arrivée, le vétérinaire qui fut appelé le fit abattre et constata des lésions de pleurésie. Deux mois après, la voisine du taureau était reconnue péripneumonique. Les animaux, à cette époque de l'année, étant entretenus en stabulation permanente, ce foyer d'infection ne s'étendit pas.

A Ville-sur-Tourbe, la péripneumonie constatée le 17 août 1890, est le résultat d'une importation d'animaux venant des Ardennes.

La partie centrale du département, désignée sous le nom de Champagne proprement dite et formée par la craie supérieure est pauvre et peu propre à l'élevage. En général, les cultivateurs de cette région nourrissent des bœufs ou des vaches pour le lait qui est vendu à la ville, aux laiteries, ou utilisé sur place pour l'engraissement des veaux et les besoins locaux. Ces cultivateurs achètent ou échangent leurs animaux à des marchands qui eux-mêmes les reçoivent d'autres marchands ou commissionnaires. Les principaux centres de commerce de bestiaux sont Châlons et Reims. Les marchands de Reims et de la vallée de la Suippe, se remontent, pour ainsi dire, exclusivement dans les Ardennes ; ceux de Châlons achètent ordinairement à des marchands de Vitry-le-François, Commercy, Vaucouleurs, Bar-le-Duc, quelquefois en Meurthe-et-Moselle, dans la Haute-Marne et même aux foires de Belfort ; ceux de Fère-Champenoise qui, aujourd'hui, achètent presque toujours dans la Brie, ont encore quelques relations commerciales avec la Meuse ; enfin, dans les villages voisins de l'Argonne (Courtisols, Auve, Herpont, etc.), les cultivateurs achètent directement ou par l'intermédiaire des marchands, dans l'arrondissement de Sainte-Ménehould ou dans les environs de Verdun. Ces renseignements expliquent très bien pourquoi dans l'arrondissement de Reims, où on ne trouve que des vaches venant des Ardennes, la péripneumonie a été importée de ce département, tandis que dans l'arrondissement de Châlons, où il n'y a que des vaches de pays, (*on appelle ainsi les vaches venant de l'Ar-*

gonne et des environs de Vitry) et de la Meuse, elle est venue de ce département.

La péripneumonie n'existait plus en Champagne lorsque le 18 octobre 1889, on la constatait à Souain, chez M. Macquart, le 7 novembre à Warmériville, le 12 décembre chez M. Barachin, à Souain, le 18 décembre 1889 à Villers-aux-Nœuds. Les renseignements recueillis sur ces différents cas permettent d'affirmer que la maladie a été importée par des animaux achetés par des marchands de Souain, Sommepy, Reims, dans les Ardennes (Machault, Novi-Chevrières, etc.) qu'elle existait déjà depuis un certain temps lorsqu'elle a été connue officiellement. A Souain notamment, en décembre 1889, la rumeur publique accusait différents propriétaires d'avoir vendu des animaux atteints ou suspects de péripneumonie, et ce qui donne de la certitude à ces dires, c'est que le 18 janvier 1890, le péripneumonie était constatée au Mesnil-les-Hurlus ; sur une vache achetée en décembre à Souain ; qu'en août, des lésions très anciennes étaient constatées sur une vache abattue chez un propriétaire de cette localité, etc....

En janvier 1890, la péripneumonie était constatée successivement à Warmériville, Sommepy, Reims, le Mesnil-les-Hurlus ; puis en février, à Brimont, Berru, Beine, en un mot dans les différentes communes entourant Reims qui se livrent à l'industrie laitière. Presque partout, on trouve comme renseignements : vache achetée dans les Ardennes ou provenant d'un marchand qui se remonte dans ce département. Souvent, le même marchand a pu contaminer plusieurs étables : par exemple, le sieur C..., marchand de bestiaux à Reims (et que nous retrouverons encore en

1891), a vendu en décembre 1889 une vache, à Reims, qui était reconnue péripneumonique le 17 janvier 1890; le 24 décembre 1889, ce marchand vendait un taureau à Sermiers qui était reconnu péripneumonique le 9 mars; une vache vendue le 12 janvier à M. Hurbin d'Epernay, était abattue le 15 mars, pour cause de péripneumonie; le 8 avril, la voisine était prise et bientôt toute l'étable; le 3 juin, une vache, vendue par le même, était abattue chez M. Servonnet, à Ormes; le 29 juillet, une autre était vendue chez M. Landraguin, de Prouilly. Soit cinq étables dans cinq communes (je laisse de côté les cas incertains) contaminées par le même marchand.

A la même époque, les communes voisines de l'Argonne (Courtisols, Dampierre-sur-Moivre, Auve, etc., étaient contaminées par des animaux venant des environs de Verdun. Je ne rappellerai pas l'histoire d'une vache atteinte d'un séquestre péripneumonique, achetée par M. Gillet, de Courtisols, à la foire de Verdun. M. Leblond, inspecteur général des Services vétérinaires, a rapporté ce fait dans son enquête sur la péripneumonie, en avril 1890.

Enfin, les autres communes de l'arrondissement de Châlons et celles de l'arrondissement d'Epernay ont été contaminées par des vaches venant de la Meuse (Commercy, etc.). Comme à Reims, le même marchand a pu contaminer huit étables sans être poursuivi. Voici les faits :

1° Vers la fin de février 1890, Mme L..., marchande de bestiaux à St-Memmie, vend une vache à M. Montel, de Damery; huit à dix jours après l'arrivée, la bête, fraîche vêlée, cesse de manger, de donner du lait, elle tousse, respire de court, puis elle va mieux. Les autres vaches sont à l'étable depuis très longtemps. Le 7 mai, c'est-à-dire 2 mois environ après, on constate la péripneumonie aiguë sur les deux voisines et des lésions chroniques et anciennes sur la bête achetée en février.

2° Le 3 avril, une vache vendue à Saint-Etienne-au-Temple a présenté, dans les premiers jours de mai, des symptômes de péripneumonie ; le 7 juillet, on constatait cette maladie sur les vaches à l'étable depuis plus de trois ans.

4° A la même époque (le 20 avril), deux vaches vendues à Matougues et logées dans une écurie isolée (*le propriétaire n'avait pas de bovidés avant cet achat*) deviennent péripneumoniques le 11 juillet.

5° Le 16 juillet, la péripneumonie était constatée à Saint-Quentin-sur-Coole sur un bœuf entretenu dans un local isolé et aussi acheté le 20 avril au même marchand.

6° Une vache vendue à Heymet, de Lépine, dans les premiers jours de mai, devenait péripneumonique le 6 août.

7° Une autre, vendue en juin à Lamiraux, de Courtisols, était trouvée péripneumonique le 12 septembre. Jusqu'à cette époque, cette marchande avait toujours échappé à l'arrêté d'infection, mais le 15 septembre, ses locaux sont déclarés infectés ; malgré cela, le 17 du même mois, elle vend à un sieur Gobillard, de Lépine, une vache qui est reconnue péripneumonique le 27 octobre. Lorsqu'on demande à cette marchande d'où sortait cette vache vendue deux jours après la signification de l'arrêté de déclaration d'infection, elle répondit : « cette vache était logée dans une écurie que j'avais louée dans le voisinage, elle n'a pas été dans celles qui sont interdites. » On avait oublié de comprendre dans l'arrêté tous les animaux, toutes les écuries de ladite marchande.

A côté de ces cas bien connus, bien déterminés, il y en a d'autres sur lesquels on n'a pas ou peu de renseignements, mais au fond, les faits sont les mêmes.

En résumé et de tout ce qui précède, on peut dire que la péripneumonie a été importée dans notre département par trois points différents : les Ardennes, pour l'arrondissement de Reims, les environs de Verdun, et de Commercy pour les arrondissements de Châlons et d'Epernay, et que sa rapide extension est due :

Au défaut de déclaration ou aux déclarations faites tardivement ;

A la vente d'animaux contaminés ou malades ;

Au contact de ces animaux, dans les écuries des marchands avec les animaux à profits (on désigne ainsi les vaches laitières ou les animaux destinés à être engraissés).

Au séjour des animaux à profits dans les locaux et voitures infectés des marchands ;

A la vente d'animaux porteurs de lésions chroniques, après la levée des arrêtés d'infection, et surtout à une organisation sanitaire incomplète ou insuffisante.

Après l'inspection de M. Leblond et différentes circulaires ministérielles, le chef du service ayant eu plus de latitude, plus de liberté d'action pour poursuivre les enquêtes, quelques écuries de marchands de bestiaux ayant été déclarées infectées, une plus grande surveillance ayant été exercée dans les localités contaminées, l'épizootie fut bientôt enrayée dans sa marche et de 17 (moyenne des animaux abattus en août, septembre, octobre 1890), le nombre des animaux reconnus péripneumoniques descendit à 9 en décembre, 6 en janvier, puis 3 en février et mars. C'est à cette époque que M. Aumignon, fatigué par les nombreux voyages qu'avait exigés cette épizootie et en raison de son grand âge, demanda sa retraite.

Dans le mois d'avril je n'ai été appelé à constater la péripneumonie que dans deux communes : à Herpont, dans deux exploitations sur deux animaux et à Bourgogne sur une vache envoyée à l'abattoir de Reims. Pendant le mois de mai un cas était encore constaté à Thillois dans l'arrondissement de Reims puis, comme dans celui de Châlons, plus rien jusqu'au mois d'octobre. Je laisse de côté le cas signalé le 8 mai sur un bœuf provenant de la sucrerie de Fismes, parce que ce cas isolé dans une étable de 125 bœufs, à l'écurie depuis plus d'un an, laisse des doutes sur sa nature. Malgré cela j'ai fait prendre toutes les mesures prescrites en temps opportun.

Le 1er mai, la péripneumonie ayant été constatée chez le sieur Lalire Boguet, de Broussy-le-Grand, j'ai pu établir que la maladie avait été importée chez ce cultivateur par une vache achetée à Fère-Champenoise et que cette vache ainsi que deux autres avaient été livrées à la boucherie sans déclaration. Pour ce motif, le sieur Lalyre Boguet a été poursuivi et condamné à une amende. Quatre autres étables de cette commune qui avaient eu des rapports de voisinage avec les ani- du sieur Boguet avant la déclaration officielle de la maladie chez lui, furent successivement, en juillet, août, septembre, et octobre envahies par la péripneumonie. Aujourd'hui on peut considérer ce foyer comme éteint.

De juin à août la péripneumonie était observée dans

quatre étables de Fère-Champenoise, commune où il a été difficile d'obtenir la déclaration et la disparition de la maladie. Dans cette localité les bouchers et les nourrisseurs faisant commerce de bestiaux ne veulent pas être surveillés ou gênés par les mesures sanitaires, aussi on ne déclare pas. Lorsqu'un animal devient malade, on l'abat et on vend les contaminés aux petits cultivateurs qui ne possèdent qu'une ou deux vaches. Si un, deux ou trois mois après la vente qui, presque toujours est faite à crédit, la péripneumonie se déclare; le marchand qui visite souvent ses clients et qui suit les suspects, est prévenu. Il vient voir le malade et dit à son client : « votre vache doit avoir le gâteau, comme il n'y a pas de guérison et que vous ne serez plus libre si vous prévenez un vétérinaire, vendez-la moi. Je réponds de tout, je l'enlèverai, on ne le saura pas et dans une huitaine je vous en remettrai une autre. »

Presque toujours le petit cultivateur cède au désir de son marchand, et la malade disparaît. Si deux ou trois mois après un autre cas se présente, on se décide à faire la déclaration parce que le marchand sachant qu'en raison du temps écoulé on ne pourra plus l'inquiéter, que le cultivateur fautif n'osera le dénoncer, n'offre plus qu'un prix dérisoire des malades; comme on se garde bien de parler de ce qui s'est passé le vétérinaire ne peut qu'émettre des suppositions sur l'origine de la maladie.

Connaissant ces faits et voulant empêcher ce commerce des contaminés, j'avais demandé l'établissement d'un abattoir ou la surveillance régulière des tueries, mais je me suis trouvé en présence d'un mauvais vouloir absolu dû à l'inflence des marchands et des bouchers, gens importants de la localité. Ayant pu, à la suite du cas constaté à Broussy le 1er mai, établir la culpabilité du vendeur et le faire poursuivre, j'ai fait plusieurs enquêtes dans la localité (Voir le rapport du 20 mai concluant à des poursuites contre le sieur Radet-Prieur à Fère-Champenoise) j'ai visité souvent et fait visiter par le vétérinaire local les exploitations suspectes ainsi que les envois de viandes faits à la gare. Se sentant surveillés et craignant d'être poursuivis, les marchands cessèrent le commerce des contaminés et aujourd'hui on peut dire que la péripneumonie à disparu de la localité.

Au mois d'octobre la péripneumonie qui ne s'était pas montrée dans l'arrondissement de Châlons depuis le mois d'avril, était de nouveau constatée à Thibie. Les derniers animaux achetés étant à l'étable depuis le mois de janvier, à quoi était due cette nouvelle invasion ? L'examen attentif des contaminés nous ayant démontré l'existence de lésions chroniques dans les poumons des sujets qui, à premèire vue paraissaient sains, j'ai demandé l'abatage de toute l'écurie. L'autopsie nous a permis d'établir que les animaux achetés en janvier avec des séquestres péripneumoniques avaient contaminé les vaches de ce cultivateur ; que la maladie, sous l'influence du régime du vert et des bonnes conditons hygiénique dans lesquelles se trouvèrent les animaux pendant l'été marcha lentement et passa inaperçue ; enfin, qu'au mois de septembre sous l'influence d'un régime plus alibile, du changement de saison, etc., elle avait pris un caractère aigu sur les sujets encore sains à ce moment. Deux étables voisines furent contaminées par les rapports du voisinage..... A Champfleury, à Trois-Puits les mêmes faits se sont produits au mois de décembre dans deux étables.

Le 28 octobre, à Bezannes, la péripneumonie était constatée sur une vache achetée deux mois et demi avant au sieur C..., de Reims (le même qui en 1890 a infecté 5 étables) qui la tenait d'un marchand de Novi-Chevrière (Ardennes) chez lequel, deux jours après l'envoi de cette vache, le service sanitaire de ce département constatait la péripneumonie.

En novembre et décembre à Rouffy, à St-Pierre-aux-Oies, dans l'arrondissement de Châlons, la péripneumonie était constatée sur des vaches contaminées chez le sieur G..., marchand de bestiaux à Thibie, par deux vaches venant de Commercy et trouvées atteintes de péripneumonie chronique le 15 décembre à Villeneuve-Renneville. Ce marchand avait acheté ces vaches à Commercy et les avait eues 15 jours chez lui. (Voir les rapports d'enquête relatifs à ces différents cas.)

Enfin à Nuisement le 17 décembre la Péripneumonie était importée par une vache achetée au sieur S... marchand de bestiaux à Châlons. Cette vache avait été amenée directement de Commercy à Nuisement.

L'enquête, relative à ces différents cas, poursuivie dans la Meuse, n'a pas donné de résultat cela n'a rien qui puisse surprendre, le marchand pouvait facilement se dérober en donnant une adresse quelconque. A ce propos je crois devoir rapporter les dires de marchands connaissant très bien les relations commerciales de ceux de la Meuse. (Les marchands de bestiaux de Commercy qui, en 1890 et 1891 ont vendu des vaches à Mme L..., M. S...., de Châlons, M. G...., de Thibie, seraient aussi fournisseurs de viandes de troupes. Souvent n'ayant pas assez de petite viande, ils vont chercher à Paris ou chez les marchands des environs, des vaches cordières provenant des écuries des nourrisseurs et comme ils ne tuent pas tout de suite, ils les mettent dans leurs pâtures ou dans leurs écuries avec les vaches de commerce. Or il serait arrivé que quelques-uns de ces animaux venant de la Seine étaient porteurs de lésions plus ou moins étendues de péripneumonie (ce fait a été constaté deux fois cette année à l'abattoir de Châlons) et qu'un nombre plus ou moins grand de vaches de commerce auraient été ainsi contaminées. Cela expliquerait l'infection (en 1890) des 8 écuries par des animaux vendus par Mme L..., dans les environs de Châlons.

Pour arrêter ce retour offensif de la péripneumonie, un avis spécial a été publié et affiché dans toutes les communes du département, des visites sanitaires ont été faites dans les étables des marchands de bestiaux des arrondissements de Reims et de Châlons, des arrêtés de déclaration d'infection portant sur les exploitations des propriétaires et des marchands où des animaux atteints ou suspects de péripneumonie avaient séjourné, ont été pris, tous les animaux qui ont présenté le moindre signe de péripneumonie ont été abattus.

Si aujourd'hui je puis dire que nous sommes maîtres de cette épizootie et qu'avec la nouvelle organisation sanitaire il lui sera difficile de prendre l'extension qu'elle a eu en 1890, je ne puis affirmer qu'elle disparaîtra complètement, des animaux porteurs de lésions chroniques pouvant à chaque instant semer la contagion.

Pour arriver à ce but, j'estime, à mon humble avis, qu'en dehors d'une bonne organisation sanitaire dans les départements, il serait nécessaire d'inscrire la péripneumomie dans la loi sur les vices redhibitoires ou de modifier la législation afin de permettre à l'acheteur

ORIGINES ET MARCHE DE LA PÉRIPNEUMONIE CONTAGIEUSE

Dans la MARNE en 1890 et 1891.

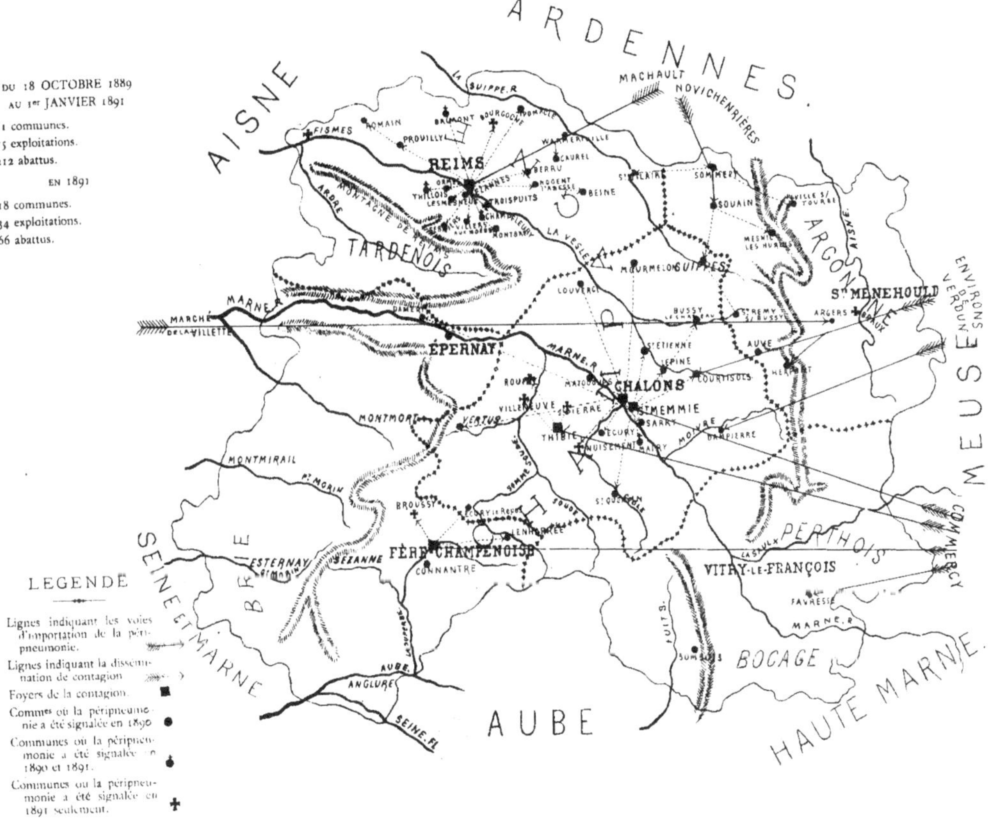

de pouvoir obliger son vendeur à réparer le dommage causé par la vente d'un animal atteint ou contaminé de maladie contagieuse. (Aujourd'hui cette réparation est à peu près impossible, le dol ne pouvant être prouvé matériellement), d'ordonner l'abatage de tous les contaminés, ou, si cette mesure est trop onéreuse pour l'Etat, d'imposer la marque au fer rouge afin d'éviter la rentrée dans le commerce d'animaux porteurs de lésions chroniques. Cette mesure obligeant les propriétaires à vendre leurs animaux à la boucherie dans un délai indéterminé ne leur causerait pas un grand préjudice qui, du reste, pourrait facilement leur être réparé par une indemnité variant de 0 à 100 fr. et déterminé comme cela est fait pour l'estimation des malades, par le vétérinaire délégué.

En dehors des cas rappelés la péripneumonie a été encore constatée en décembre à Braux-St-Remy sur un bœuf de la sucrerie de Sainte-Ménéhould. Comme à Fismes et pour des motifs que j'ai notés dans un rapport d'enquête, je crois qu'on se trouve en présence d'un cas isolé.

A l'abattoir de Châlons le 1er juillet sur une vache achetée par un boucher à Benjamin, d'Asnières, et le 20 novembre sur une autre achetée par le même boucher au marché de la Villette. Le service sanitaire de la Seine a été informé de ces faits en temps opportun.

Service sanitaire

Avant de donner les renseignements demandés par M. le Ministre de l'Agriculture (circulaire du 24 décembre 1891) sur l'organisation du service des épizooties dans notre département, je vais rappeler succinctement ce qu'il était pour faire mieux ressortir les modifications qu'il vient de subir.

Organisé par arrêté en date du 22 février 1884,le service sanitaire comprenait un chef de service et tous les vétérinaires exerçant dans le département.

Au début de l'application de la loi du 21 juillet 1881, l'administration préfectorale limitée par le faible crédit affecté par le Conseil général au service sanitaire, ne déplaçait le chef de service que le moins possible. Le vétérinaire délégué qui n'était en quelque sorte qu'un intermédiaire entre les vétérinaires et l'administration ne pouvait agir sans une autorisation spéciale et même pour la péripneumonie, si le rapport du vétérinaire sanitaire n'était pas absolument affirmatif, ou attendait. On ne faisait pour ainsi dire pas d'enquêtes pour rechercher l'origine de la contagion ou on les faisait tardivement lorsque les marchands avaient pris leur dispositions pour dépister les agents sanitaires, on négligeait les visites de surveillance, on n'en faisait même pas.

Lorsqu'un vétérinaire signalait une maladie autre que la péripneumonie on se contentait d'enregistrer le fait ou, dans quelques cas, de prendre un arrêté de déclaration d'infection et de l'envoyer au maire qui, le plus souvent se contentait de le déposer à la mairie. Quant au vétéraire sanitaire ne sachant pas si son rapport avait été pris en considération il se désintéressait du service.

Comprise dans un sens aussi étroit l'organisation de 1884 ne pouvait donner que de médiocres résultats et une fausse sécurité. Aussi lorsqu'en octobre 1889 la Péripneumonie fut importée de nouveau dans notre département, s'y développa-t-elle avec une rapidité inquiétante. Dès le mois de janvier 1890 votre administration prévoyant le danger faisait prendre des mesures plus rigoureuses, donnait plus d'autorité au chef du service ; mais il était trop tard, la contagion qui s'était déjà répandue dans un grand nombre de communes des arrondissements de Reims et de Châlons allait fairede nombreuses victimes. Après l'inspection de M. Leblond et différentes circulaires ministérielles vous avez fait appel à tous les vétérinaires sanitaires qui ont redoublé de vigilance, vous avez rappelé aux maires le nécessité de veiller à la stricte observation des prescriptions sanitaires vous avez donné au chef de service, qui malgré son âge se multipliait la liberté nécessaire pour poursuivre les enquêtes rapidement, vous avez en un mot fait appliquer rigoureusement toutes les mesures prescrites par la loi du 21 juillet 1881 et le décret du 22 juin 1882. Le résultat de cette énergique intervention ne se fit pas attendre, dès le mois de décembre la péripneumonie était enrayée dans sa marche et en janvier 1891 l'épizootie était en décroissance.

En 1891 la réforme commencée se continuant le délégué devint véritablement chef de service responsable ayant toute la liberté d'action, toute l'autorité nécessaires pour accomplir sa mission ; les vétérinaires sanitaires certains de toujours trouver un appui près de l'administration, remplirent la leur avec tact et dévouement. C'est ce qui a permis d'arriver au résultat signalé dans la première partie de ce rapport.

L'expérience ayant démontré qu'il est impossible au vétérinaire sanitaire, placé entre ses clients et son devoir de faire les enquêtes ou d'appliquer rigoureusement la loi lorsqu'un propriétaire la trouve gênante, je me suis rendu sur place non-seulement pour la péripneumonie, mais pour tous les cas de morve ou pour chaque invasion nouvelle d'une maladie contagieuse dans une localité ; j'ai procédé à toutes les enquêtes, j'ai fait appliquer moi-même les mesures sanitaires dans les localités où les vétérinaires ou les maires ont éprouvé des difficulté et où des résistances se sont produites j'ai réclamé le concours de la gendarmerie.

Pour répondre à toutes ces nouvelles exigences du Service sanitaire, nous avons parcouru pendant l'année environ 10.000 kilomètres en chemin de fer et plus de 2.000 en voiture, visité deux cents étables, adressé plus de sept cents rapports, lettres explicatives, circulaires, à votre administration, aux vétérinaires et aux maires. En obtenant de notre Assemblée départementale un crédit suffisant (12.000 francs), en accueillant mes propositions avec la plus grande bienveillance, en m'accordant une complète liberté d'action, vous avez grandement facilité ma tâche. Votre administration, en prêtant son concours bienveillant à tous les agents sanitaires, a beaucoup contribué aux résultats obtenus, et, je puis le dire ici, si j'ai pu mener de front la lutte contre les épizooties et la réorganisation sanitaire, c'est grâce à l'intervention active et éclairée de M. Henry, le sympathique chef de la première division, et de son chef de bureau M. Dorme, qui, malgré le surcroît de besogne que leur donnait le service sanitaire, se sont toujours mis entièrement à ma disposition.

MM. les Vétérinaires sanitaires ont été aussi pour nous des collaborateurs actifs, dévoués, indispensables. J'ai dit : indispensables, parce que, — je n'hésite pas à le proclamer hautement, — sans eux, votre administration et moi nous ne pouvons rien ou presque rien. Dans le Service des épizooties, les vétérinaires sanitaires sont en quelque sorte les éclaireurs qui signalent l'ennemi ; ce sont eux qui, en déclarant l'existence des maladies contagieuses, en nous donnant les renseignements nécessaires, m'ont permis d'établir l'origine, les causes des épizooties, d'enrayer leur marche, de faire poursuivre les délinquants, etc.

Je me plais à reconnaître, Monsieur le Préfet, que vous avez toujours fort apprécié les services rendus à l'agriculture de notre département par tous mes confrères, et je suis persuadé que votre haute intervention près du Conseil général suffira pour faire adopter par cette Assemblée le tarif des indemnités pour déplacements et vacations sanitaires, proposé par la Société vétérinaire de la Marne et adopté par vous.

Pendant l'année 1891, 35 vétérinaires ont signalé des maladies contagieuses, adressé des rapports à votre administration ou surveillé des étables contaminées. Ce sont : MM. Aumignon, délégué honoraire, Baudin, d'Epernay, Beaudier, d'Isle-sur-Suippe, Bernard, de Vitry-le-François, Blot, de Reims, Bonnemain, de Fère-Champenoise, Brissot, de Suippes, Cayasse, de Pontfaverger, Champagne, de Montmirail, Collard, de Vitry-le-François, Comus, de Sainte-Ménehould, Déchéry, de Fismes, Delaval, de St-Mard-sur-le-Mont, Douarche, de Sézanne, Dumont, de Dormans, Faure, de Baye,

George, de Sainte-Ménehould, Girard, de Reims, Godon, de Saint-Utin, Hédin, de Beaumont-sur-Vesle, Husson, de Thiéblemont, Lenoir, de Vertus, Loriot, de Suippes, Marcout, de Châlons, Mathis, de Reims, Moreau, de Sézanne, Pernet, de Châlons, Pouillot, d'Heiltz-le-Maurupt, Remy, de Congy, Renard, de Dampierre-le-le-Château, Suaire, de Bassuet, Thierry, de Sermaize. et Pérard, de Triaucourt (Meuse).

L'intervention de ces trente-cinq agents sanitaires, l'indemnité accordée au vétérinaire délégué et ses nombreux déplacements, ont nécessité une dépense totale d'environ 11.000 francs. Le crédit affecté au Service des épizooties étant de 12.000 francs, nous espérons qu'une partie de la somme non employée sera destinée à l'amélioration du Service.

Rapports des Vétérinaires sanitaires.

Vingt-huit vétérinaires ont adressé des rapports de fin d'année. Ces rapports sont en quelque sorte le rappel ou le résumé de ceux qui ont été envoyés au courant du Service. Ils contiennent généralement peu de renseignements sur l'origine, les causes, la marche des épizooties parce que, avec notre nouvelle organisation, tous les renseignements étant recueillis par le délégué, toutes les difficultés étant réglées par lui, le rôle des vétérinaires sanitaires se borne pour ainsi dire à la déclaration et à la surveillance des contaminés.

M. Aumignon rappelle qu'il a observé un cas de morve à Thibie sur un cheval acheté à un conducteur de bateaux, ainsi que les différents cas de péripneumonie observés dans cette commune et à Nuisement-sur-Coole.

M. Baudin, d'Epernay, a été délégué pour faire appliquer les mesures prescrites contre la gale, dans deux petits troupeaux, à Louvois. Désigné pour visiter l'étable de l'Union agricole, où la tuberculose a été constatée sur une vache vendue à la boucherie, il demande, en se basant sur la difficulté d'établir le diagnostic, l'obligation pour les propriétaires qui se trouvent dans ce cas de déclarer aux maires les ventes ultérieures. (Les tueries devant être inspectées, cette déclaration devient inutile). Il demande aussi pour tous les cas de tuberculose la saisie totale.

M. Beaudier, d'Isles-sur-Suippe, a constaté un cas de péripneumonie, a fait l'autopsie d'une vache tuberculeuse et a été chargé de l'application des mesures sanitaires relatives au rouget. Il fait remarquer que, les vétérinaires n'étant pas appelés à visiter les animaux tuberculeux, les propriétaires négligent de faire la déclaration.

M. Bernard, de Vitry-le-François, a constaté la morve sur deux chevaux de halage.

M. Blot, de Reims, rappelle qu'il a constaté la fièvre aphteuse à Fresne, deux cas de tuberculose et différents cas de péripneumonie.

M. Bonnemain, de Fère-Champenoise, a constaté la fièvre aphteuse et la tuberculose. Ce vétérinaire a beaucoup contribué à l'extinction de la péripneumonie à Fère-Champenoise et Broussy-le-Grand. Il a pratiqué la vaccination pastorienne sur des moutons et des animaux de l'espèce bovine.

M. Brissot, de Suippes, rappelle les circonstances

dans lesquelles il a constaté la rage sur une vache ; il a aussi observé la tuberculose.

M. Cayasse, de Pontfaverger, dit qu'il n'a pas observé de maladie contagieuse, mais qu'il a été appelé à faire désinfecter des écuries où un cheval morveux avait séjourné.

M. Champagne, de Montmirail, qui a constaté la tuberculose dans plusieurs communes, demande une indemnité pour les propriétaires dans le cas de saisie et l'inscription de cette maladie dans la loi sur les vices rédhibitoires. C'est ce vétérinaire sanitaire qui a empêché l'extension de la fièvre aphteuse en arrêtant trois génisses atteintes de cette maladie avant leur arrivée sur le marché de Montmirail. Au marché de cette ville, qui est inspecté régulièrement, il y a en moyenne par an 8 à 900 chevaux, 6 à 700 bovidés, 3.500 à 4.000 moutons, 3.500 porcs et 2.761 veaux (chiffres officiels pour l'année 1891).

M. Comus, de Sainte-Ménehould, a constaté la tuberculose à l'autopsie d'une vache et a été chargé de la surveillance de deux chevaux qui avaient été en contact avec un cheval reconnu farcineux à l'abattoir de Reims.

M. Déchéry a constaté la tuberculose, la fièvre aphteuse et le charbon ; il a pratiqué la vaccination préventive.

M. Delaval, de Saint-Mard-sur-le-Mont, rappelle les différents cas de péripneumonie qu'il a constatés à Herpont.

M. Douarche, de Sézanne, a observé trois cas de tuberculose.

M. Dumont, de Dormans, n'a pas observé de maladies contagieuses ; il a été chargé de la désinfection d'une écurie contaminée de morve et de différentes porcheries où des animaux étaient morts du rouget. Aux quatre foires de Dormans, il a visité en moyenne 30 chevaux, 20 vaches, 120 porcs.

M. Faure, de Baye, nouvellement arrivé en cette localité, n'a pas constaté de maladie contagieuse.

M. George, de Sainte-Ménehould, signale deux cas de tuberculose observés à l'abattoir de cette ville.

M. Gobeaut, de Reims, a observé un cas de charbon bactéridien.

M. Godon, de Saint-Utin, n'a observé qu'un cas de tuberculose sur une vache abattue par un fournisseur de viande de troupe pendant les grandes manœuvres. Cette vache provenait de la Meuse. Il fait remarquer que les foires de Margerie et de Somsois ne sont pas inspectées.

M. Husson, de Thiéblemont, qui a signalé un cas de morve et de tuberculose, dit que des animaux atteints de charbon et de rouget disparaissent à l'insu de l'autorité. Il demande la déclaration en cas de mort rapide et l'autopsie des animaux par un vétérinaire.

M. Lenoir, de Vertus, qui a signalé la fièvre aphteuse, un cas de morve et la tuberculose, fait la même observation que M. Husson ; il donne aussi des renseignements précis sur l'inspection des foires, marchés, tueries et clos d'équarrissage dans les communes de sa clientèle.

M. Loriot, de Suippes, a observé la tuberculose ; il donne des renseignements sur les foires de Suippes et Sommepy.

M. Marcout, de Châlons, appelé à surveiller la foire de Juvigny, n'a pas observé de maladie contagieuse.

M. Mathis, de Reims, rappelle qu'il a observé un cas de fièvre aphteuse à Villers-Allerand.

M. Moreau, de Sézanne, donne quelques renseignements sur les foires de cette localité et fait remarquer que souvent, les vétérinaires, n'étant pas appelés, surtout pour le sang de rate, il n'y a pas de déclaration de faite. Il rappelle les différents cas de tuberculose et de gale qu'il a constatés.

M. Pernet, vétérinaire municipal à Châlons, rappelle les différents cas de tuberculose et de péripneumonie qu'il a observés à l'abattoir de cette ville.

M. Pouillot, d'Heiltz-le-Maurupt, donne des renseignements très précis, très détaillés sur cinq cas de charbon symptômatique observés en quelques jours sur un troupeau d'une trentaine de vaches à Charmont.

M. Renard, de Dampierre-le-Château, rappelle les différents cas de péripneumonie qu'il a été appelé à constater, et le cas de morve de Belval. Il fait remarquer la mauvaise impression produite par le tarif adopté par le Conseil général à la session d'août. Cette question devant revenir au mois d'avril devant l'Assemblée départementale, nous espérons qu'elle recevra une solution favorable à l'intérêt général.

M. Suaire, de Bassuet, donne quelques renseignements sur les foires de Saint-Amand-sur-Fion, Vanault-les-Dames, Bassuet ; il rappelle les cas de morve qu'il a observés à Bassu et à Heiltz-l'Evêque.

Réorganisation du Service sanitaire.

Au mois de mai dernier, pour donner suite au vœu du Conseil général qui, en raison des pertes causées par la péripneumonie, demandait l'application de mesures énergiques pour combattre cette maladie, ayant été chargé par votre administration de préparer un projet de réorganisation du Service sanitaire de notre département, j'ai eu l'honneur de vous adresser, Monsieur le Préfet, un rapport circonstancié et des projets d'arrêté qui furent soumis à l'approbation ministérielle en juillet, puis à celle du Conseil général en août et enfin publiés le 27 novembre dernier.

Cette intervention en dernier ressort du Conseil général est due à ce que, participant seul à la dépense, il reste le maître de l'organisation sanitaire. Cet état de choses, à mon humble avis, est regrettable, parce qu'il sera toujours un obstacle à l'unification du Service dans toute la France, parce que le Service sanitaire sera exposé aux variations des Assemblées départementales et aussi parce qu'il sera trop indépendant de la direction unique qui doit venir du ministère. Il serait certainement préférable de voir l'Etat accorder aux départements une indemnité variable suivant leur importance, sous les conditions suivantes :

Intervention de M. le Ministre de l'Agriculture dans la nomination du vétérinaire délégué ;

Acceptation d'un mode de service déterminé et application des arrêtés relatifs à l'inspection des foires, marchés, abattoirs, tueries, clos d'équarrissage et ventes publiques.

Service sanitaire départemental.

Le Service sanitaire départemental proprement dit comprend un vétérinaire délégué, chef du Service, et des vétérinaires sanitaires. Mais, tandis qu'en 1884 le délégué n'était qu'un intermédiaire entre les vétérinaires sanitaires et l'Administration. D'après l'arrêté ci-joint, il devient fonctionnaire, c'est-à-dire un chef de service responsable ayant toute l'autorité, toute la liberté d'action nécessaires. Cette modification est capitale car, comme je l'ai montré en donnant un rapide aperçu historique du service sanitaire de notre département depuis 1884, tout dépend du chef de service. Cette réforme aurait été complète si le Conseil général, en votant une indemnité un peu plus élevée, avait interdit au chef de service, comme le demandait M. le Ministre de l'agriculture, l'exercice de la clientèle. Je crois qu'en insistant près de notre Assemblée départementale et en lui faisant remarquer que l'économie qu'elle a voulu faire ainsi est plus apparente que réelle, on obtiendrait satisfaction.

Comme en 1884 tous les vétérinaires exerçant dans le département sont nommés vétérinaires sanitaires sans circonscription. Malgré le reproche de ne pas avoir donné de bons résultats (j'ai montré que cela était dû à ce qu'il n'y avait pas, en réalité, de chef de service et à la non application du service sanitaire communal) et les observations de M. le Ministre dans sa lettre du 22 août, le Conseil général a adopté ce mode de service. En indiquant comment il fonctionne, je montrerai qu'il est le plus rapide, le plus simple et qu'il a l'avantage sur le service avec circonscription, qui a les mêmes inconvénients, de favoriser la déclaration en écartant toutes les difficultés qui surgissent souvent entre les vétérinaires voisins de circonscription et de clientèle.

Dans la pratique, trois cas peuvent se présenter : 1° le vétérinaire local n'éprouve pas de difficultés ; 2° le vétérinaire éprouve des difficultés soit pour obtenir la déclaration, soit pour faire appliquer les mesures sanitaires, 3° le maire est prévenu de l'existence d'une maladie contagieuse par un propriétaire ou par la rumeur publique.

1er Cas. — Un vétérinaire constate chez son client une maladie contagieuse, il fait la déclaration, puis en sa qualité de vétérinaire sanitaire, il prescrit la complète exécution des dispositions du troisième alinéa de l'art. 3 et les mesures de désinfection immédiatement nécessaires. Aussitôt son enquête terminée il adresse son rapport au préfet. Le vétérinaire délégué, suffisamment renseigné fait prendre un arrêté de déclaration d'infection et son collègue, le vétérinaire local, est chargé de la surveillance des contaminés et de l'application des mesures de désinfection. Dans ce cas qui est le plus simple et le plus fréquent, le vétérinaire sanitaire étant sur place (il a été appelé par son client) le département n'a pas de déplacement à payer ; le Préfet et le délégué étant informés dès le lendemain de ce qui ce passe, par le maire et le rapport du vétérinaire sanitaire, peuvent agir de suite. En supposant une circonscription les choses se passeront ainsi si le vétérinaire constate une maladie contagieuse chez son client dans sa circonscription, mais si son client habite dans la circonscription d'un collègue, le maire devra prévenir le titulaire qui ne pourra venir que deux ou trois jours après, prescrire les mesures que son confrère aurait pu prendre immédiatement. De là un déplacement inutile à la charge du département, un retard nuisible à la bonne marche du service surtout dans le cas de péripneumonie (1) et l'intervention d'un vétérinaire chez le client d'un confrère.

2ᵉ Cas. — Un vétérinaire ayant constaté une maladie contagieuse éprouve des difficultés pour faire appliquer les mesures sanitaires ou poursuivre son enquête. Dans ce cas il fait la déclaration au maire qui ordonne les mesures prescrites art. 3, et il informe de suite le Préfet de ce qu'il a constaté ; si même pour des motifs particuliers, il ne veut accepter aucune responsabilité, il se contente d'avertir directement le délégué qu'une maladie contagieuse existe dans telle commune, mais qu'il ne lui est pas possible de prendre part directement à l'action sanitaire. Le chef de service qui doit toujours et en toutes circonstances prendre sur lui toutes les responsabilités, se rend immédiatement dans la localité pour se renseigner, poursuivre l'enquête, faire appliquer lui-même toutes les mesures nécessaires. Le plus souvent, après cette intervention du délégué, on se soumet à la loi et le vétérinaire local ainsi que le maire se retranchant derrière le délégué de l'administration peuvent continuer facilement l'application des mesures résultant de l'arrêté de déclaration d'infection. Si on éprouve plus de résistance, le délégué conserve la surveillance ou, comme nous l'avons

(1) Les propriétaires ayant peur de perdre la valeur de leurs animaux comme bêtes de boucherie, demandent l'abatage immédiat aussitôt que la maladie est reconnue officiellement.

fait cette année dans quelques circonstances, il la fait confier à la gendarmerie. Dans ce dernier cas, en supposant une circonscription, si le vétérinaire agit chez un de ses clients, placé entre son devoir et son intérêt, il ne pourra pas, comme je viens de le montrer prendre les mesures nécessaires ; si le propriétaire n'est pas son client, il se trouvera encore dans le même cas, ou, s'il veut agir, on criera à l'injustice, à l'abus, etc., Dans les deux circonstances, la situation étant la même que dans le service sans circonscription, l'intervention du chef de service sera nécessaire si on veut arriver à un résultat.

3e Cas. — Le maire est averti de l'existence d'une maladie contagieuse par un propriétaire (1) ou par la rumeur publique. Dans ce cas il appelle un vétérinaire sanitaire (art. 4 de la loi) et les choses se passent comme il a été dit précédemment (2e cas). ou il averti immédiatement (art. 1 du décret du 22 juin 1882.) l'administration préfectorale qui délègue de suite le chef de service. Sans circonscriptions à quels vétérinaires les maires s'adresseront-ils ? Au vétérinaire de leur choix, au plus rapproché ou mieux, comme nous l'avons dit, directement au Préfet ou au chef du service sanitaire. Si dans la même commune deux ou plusieurs étables sont surveillées par deux vétérinaires différents, le maire qui a reçut les arrêtés sachant que M.X... surveille l'étable A. et M. Z... l'étable B., saura s'il a besoin d'un renseignement à qui s'adresser ; et si une une difficulté surgit, encore ici c'est à la préfecture qu'il devra en référer. On pourra dire que dans le cas d'une épizootie un peu étendue, le chef de service ne

(1) Ce fait est rare, car en dehors des vétérinaires nous n'avons jamais de déclaration.

pourra pas suffire à sa tâche. Cette objection est plus spécieuse que réelle car cette année, malgré les nombreux cas de péripneumonie, de morve, de fièvre aptheuse, etc..., nous avons pu, grâce à la rapidité des moyens de communication, nous rendre partout où notre présence était nécessaire ; de plus je ferai remarquer que les difficultés sont l'exception, que dans le cas de résistance, la gendarmerie est d'un grand secours pour le délégué ; que pour un 2e, 3e cas de fièvre aptheuse par exemple dans la même commune, la cause étant la même, le délégué n'a plus besoin de se déplacer, que les fonctions de délégué pourront être confiées, comme pour la péripneumonie, à un suppléant, enfin, que dans les départements importants il pourrait y avoir deux, trois vétérinaires fonctionnaires.

En résumé, avec ce systène il n'y a pour ainsi dire qu'un vétérinaire sanitaire (le délégué) et des vétérinaires sanitaires auxiliaires : C'est le même service que dans la Seine avec cette différence qu'en raison des distances, lorsqu'il n'y a pas de difficultés, la surveillance des contaminés et l'application des mesures de désinfection sont confiées aux vétérinaires locaux.

Pendant l'année 1891 nous avons obtenu des résulsultats, nous espérons que cette année, complété par le service sanitaire communal, ce mode de service en donnsra de meilleurs encore.

La visite sanitaire des animaux exposés en ventes publiques et la surveillance des clos d'équarrissages qui n'existaient pas, sont réglées par les arrêtés ci-joints.

La création d'un laboratoire départemental qui serait mis sous la direction du chef de service, le plus largement possible à la disposition de tous les vétérinaires sanitaires, a été décidée en principe par le Conseil général : mais cette question ainsi que le tarif des honoraires à accorder aux vétérinaires sanitaires pour déplacements et vacations, ne sera résolue définitivement qu'à la session d'avril 1892.

Service sanitaire communal

Le service sanitaire communal comprend la surveillance des foires et marchées, des abattoirs et des tueries particulières.

La surveillance des foires et marchés, rendue obligatoire par la loi, a été, pour ainsi dire, faite dès le début de son application. Quelques communes n'ayant pas encore obtempéré à l'art. 30 de la loi, il nous sera facile avec l'arrêté préfectoral relatif à cette surveillance de leur imposer. Quant à la surveillance des abattoirs et des tueries, elle n'existait pas. (Seul la ville de Reims, à la suite d'un concours, avait chargé un vétérinaire de la surveillance et de l'inspection des marchés et abattoirs). Pendant l'année 1891 nous nous sommes occupés spécialement de l'inspection des abattoirs et nous avons pu obtenir, à Châlons, un service fait par un vétérinaire, avec défense de faire de la clientèle, et dans les autres localités un service mixte.

Le vétérinaire inspecteur, suivant l'importance des localités, visite plus ou moins fréquemment les animaux et les viandes pour s'assurer que le préposé qui est chargé de la surveillance fait régulièrement son service. Ce dernier doit visiter tous les animaux avant et après l'abatage et estampiller toutes les viandes. Si un animal présente des signes de maladie, des lésions dans les organes, ou si la viande paraît de qualité douteuse le préposé doit toujours en référer au vétérinaire inspecteur avant d'apposer son estampille.

Si l'application de l'art. 90 du décret du 22 juin 1882 est relativement facile à obtenir dans les communes où il y a des abattoirs (1), il n'en est pas de même dans celles où existent des tueries parce que la loi n'autorise pas comme pour les foires et marchés, la perception d'une taxe de visite. Dans notre projet d'arrêté relatif aux tueries nous avions introduit un article qui permettrait de remédier à cet inconvénient,

En défendant la mise en vente et le colportage, dans le département de toute viande fraîche non revêtue de l'estampille d'un abattoir ou d'une tuerie régulièrement autorisée et surveillée, ou accompagnée d'un certificat d'un vétérinaire, constatant qu'elle est bonne pour la consommation et qu'elle provient d'un animal visité avant ou après l'abatage alors que les viscères étaient adhérents, nous avions pour but, dans le cas où une commune refuserait de créer l'inspection des tueries, d'assurer néanmoins la visite des animaux et des viandes en imposant au boucher un certificat de santé. Mais dans sa lettre du 12 août 1891, M. le Ministre de l'Agriculture sur l'avis du Comité des épizooties, a demandé la suppression de cet article en disant : « il me « paraîtrait excessif d'édicter que le simple cultivateur « qui abat dans sa ferme quelques-uns de ses animaux « pour en tirer profit ne pût en livrer la viande à la « consommation que s'il les avait fait préalablement « visiter par un vétérinaire. » A mon humble avis et en me basant sur ce qui se passe dans la Marne, je crois

(1) Elles peuvent recouvrir les frais d'inspection par la perception du droit d'abatage plus ou moins élevé.

que cette raison est mauvaise. Tous les praticiens de notre département savent que les animaux tués chez les cultivateurs sont des animaux qui ont eu des accidents (fractures, velage difficile, etc...) ou des coups de sang, nom sous lequel on résume (pour cacher la vérité) toutes les maladies aiguës à marche rapide : péritonite, météorisation, charbon, etc Cette suppression est d'autant plus regrettable que nous allons nous trouver complètement désarmé lorsqu'une commune refusera de voter la somme nécessaire pour assurer la surveillance de ses tueries et que cet état de chose une fois connu, les cultivateurs et les bouchers (ces derniers trouveront toujours un cultivateur complaisant chez qui on tuera) pourront faire ainsi disparaître les animaux malades ou suspects et les livrer à la consommation sans contrôle.

Pour rendre aussi uniforme que possible les services d'inspection des abattoirs et des tueries, nous avons fait inscrire les mêmes dispositions générales dans tous les règlements et nous vous proposons d'adresser à tous les maires l'annexe ci-joint relatif à l'inspection des tueries qui leur servira de base pour élaborer leurs arrêtés.

Malgré les quelques imperfections signalées dans l'organisation sanitaire de notre département, j'espère néanmoins, Monsieur le Préfet, avec le concours dévoué de tous mes collègues, les vétérinaires sanitaire, et grâce à l'énergique appui de votre administration, arriver à un bon résultat.

Veuillez agréer, Monsieur le Préfet, l'assurance de mon respectueux dévouement.

GUIBERT.

Châlons, le 16 décembre 1891.

A MM. les Maires du Département,

Messieurs,

Le Conseil général de la Marne, frappé du développement anormal des maladies contagieuses, notamment de la péripneumonie, a émis le vœu que des mesures énergiques fussent prises en vue de combattre ces maladies et d'en prévenir le retour.

Il m'a semblé, pour entrer dans les vues de l'Assemblée départementale, qu'il était nécessaire de procéder à une étude attentive du fonctionnement du service des épizooties tel qu'il était organisé dans la Marne et de rechercher les modifications qu'il y aurait lieu d'y apporter.

En premier lieu, il m'a paru indispensable de donner au vétérinaire délégué, chef du service des épizooties, une autorité qui lui faisait défaut et surtout d'étendre son action. Au lieu d'être un simple agent de transmission placé entre les vétérinaires et l'autorité préfectorale, j'ai pensé qu'il devait, au sens exact du mot, être un chef de service responsable et exerçant son contrôle sur tous les détails du service.

D'autre part, j'ai pu constater que les foires et marchés, les ventes publiques d'animaux, les abattoirs publics et les tueries particulières, les ateliers d'équarrissage n'étaient l'objet d'aucune surveillance effective. J'ai pris en conséquence des arrêtés destinés à rendre cette surveillance aussi efficace que possible et à empêcher qu'aucun animal échappe au contrôle du service sanitaire.

Vous trouverez ci-après reproduit le texte de ces divers arrêtés qui ont reçu l'approbation de M. le Ministre de l'Agriculture et du Conseil général de la Marne.

M. le vétérinaire délégué devra notamment se déplacer toutes les fois qu'il sera nécessaire de procéder à une enquête en vue d'établir l'origine des cas de contagion constatés, contrôler l'exécution des mesures qui auront été prises et surveiller fréquemment et à l'improviste les abattoirs, les tueries particulières, les foires, les marchés et les ateliers d'équarrissage. Je vous prie instamment, Messieurs, de lui faciliter les moyens d'exercer sa surveillance, de vous mettre dans ce but à sa disposition et de lui prêter tout votre concours. Il importe, en effet, qu'il soit assisté par vous dans l'accomplissement de sa mission.

D'autre part, je ne saurais trop vous recommander d'assurer strictement, en ce qui vous concerne, l'exécution des arrêtés ci-après reproduits.

Vous voudrez bien m'adresser, sans retard, les règlements que vous avez à préparer pour assurer l'inspection des foires, des marchés, des abattoirs et des tueries particulières. Vous aurez également à me faire connaître d'urgence s'il existe dans votre commune, des ateliers d'équarrissage, avec indication des nom et prénoms des propriétaires ou gérants.

Je compte, Messieurs, sur votre dévouement et je me plais à penser que les Conseils municipaux n'hésiteront pas à voter les dépenses qui pourraient leur incomber.

Agréez, Messieurs, l'assurance de ma considération la plus distinguée.

Le Préfet de la Marne,

P. VIGUIÉ.

ARRÊTÉ

de réorganisation du Service des Epizooties.

Nous, Préfet de la Marne, chevalier de la Légion d'honneur,

Vu la loi du 21 juillet 1881 sur la police sanitaire des animaux ;

Vu le décret du 22 juin 1882 portant réglement d'administration publique pour l'exécution de cette loi ;

Vu le décret et l'arrêté ministériel du 28 juillet 1888 ;

Vu les circulaires et instructions y relatives ;

Vu la dépêche de M. le Ministre de l'Agriculture en date du 12 août 1891 ;

Vu la délibération du Conseil général de la Marne en date du 22 août 1891 ;

Arrêtons :

Article 1er. — Il est institué dans le département de la Marne un Service sanitaire permanent ayant pour but de prévenir et combattre les maladies contagieuses des animaux domestiques.

Ce service comprendra : 1° un vétérinaire délégué, chef du Service ; 2° des vétérinaires sanitaires.

Art. 2. — Le vétérinaire délégué, chef du Service des épizooties, jouira d'un traitement fixe de 4,000 fr. Il fera partie des employés tributaires de la Caisse des retraites et la retenue de 5 0/0, prescrite par les statuts, sera opérée sur son traitement.

Art. 3. — Ce fonctionnaire aura pour mission de centraliser tous les renseignements adressés à l'administration par les vétérinaires sanitaires, d'exprimer son avis sur toutes les questions concernant le Service. qui pourront lui être soumises, de se tenir à la disposition de l'Administration pour se transporter, lorsqu'il y aura lieu, sur tous les points où des maladies contagieuses se seraient déclarées ; d'adresser en fin d'année au Préfet et à l'autorité supérieure un rapport circonstancié sur les épizooties qui ont sévi et sur la marche du service.

Il vérifiera en outre et visera, pour être revêtus ensuite de notre approbation, les mémoires présentés par les vétérinaires sanitaires pour honoraires dus en raison de leurs visites, rapports ou déplacements.

Art. 4. — Le vétérinaire délégué devra en outre se tenir constamment au courant de l'état sanitaire dans le département et dans la région, être en rapports fréquents avec ses collègues les vétérinaires sanitaires, leur demander tous renseignements qui lui paraîtraient utiles et se rendre un compte exact de la façon dont sont inspectés les abattoirs, les tueries particulières, les clos d'équarrissage, les foires et les marchés. A cet effet, il devra visiter fréquemment et à l'improviste ces établissements ainsi que les foires et marchés et nous rendre compte sans retard de ses constatations. MM. les Maires auront à lui faciliter les moyens d'exercer sa surveillance, à se mettre, dans ce but, à sa disposition et à lui prêter leur concours.

Art. 5. — Il aura également à procéder aux enquêtes jugées nécessaires pour établir l'origine des cas de contagion constatés et à s'assurer que les mesures prescrites ont été exactement exécutées. MM. les Maires et Agents de la force publique devront également dans ces occasions lui prêter tout leur concours. Il devra également faire les examens microscopiques et tous travaux utiles pour déterminer vite et sûrement les maladies contagieuses dont la diagnose présentera des difficultés.

Art. 6. — Sont nommés vétérinaires sanitaires tous les vétérinaires exerçant dans le département. Ils devront s'engager à suivre les prescriptions contenues dans l'article 99 du décret du 22 juin 1882.

Art. 7. — Les Vétérinaires sanitaires devront, dès qu'ils auront connaissance d'une maladie contagieuse, en informer immédiatement et directement l'administration préfectorale ou le chef du service sanitaire et indiquer aux autorités locales les mesures qu'il conviendra de prendre pour empêcher l'extension de l'épizootie.

Ils devront, en outre, tenir l'administration au courant des phases de la contagion par des rapports succincts et veiller, de leur côté, à l'exécution des mesures préventives qu'ils auront prescrites. Ils auront également à répondre à toutes les demandes de renseignements qui leur seront adressées par le vétérinaire délégué.

Art. 8. — Chaque année, dans les premiers jours de janvier et pour le 15 au plus tard, les vétérinaires sanitaires devront fournir un rapport d'ensemble sur les diverses maladies épizootiques ou enzootiques qu'ils auront observées dans le cours de l'année précédentes. Ce rapport indiquera le nom, la nature, la marche des maladies, leur durée, leur terminaison et le montant approximatif des pertes qu'elles auront causées.

Art. 9. — MM. les Sous-Préfets, MM. les Maires et MM. les Vétérinaires sanitaires sont chargés, chacun en ce qui le concerne, de l'exécution du présent arrêté qui abroge toutes les dispositions prises antérieurement.

Fait à Châlons, le 27 novembre 1891.

Le Préfet de la Marne,
P. VIGUIÉ.

FOIRES ET MARCHÉS. — ARRÊTÉ.

« Nous, Préfet du département de la Marne, chevalier de la Légion d'Honneur,

« Vu la loi du 21 juillet 1881 sur la police sanitaire des animaux, notamment l'article 39 qui dispose que les communes où il existe des foires et marchés aux bestiaux sont tenues de préposer à leurs frais et sauf à se rembourser par l'établissement d'une taxe sur les animaux amenés, un vétérinaire pour l'inspection sanitaire des animaux conduits à ces foires et marchés ;

« Vu le décret du 22 juin 1882 portant règlement public pour l'exécution de cette loi ;

« Vu le décret et l'arrêté ministériel du 28 juillet 1888 ;

« Vu les circulaires ministérielles des 20 août 1882 et 30 août 1888 ;

« Vu la loi du 5 avril 1884 ;

« Vu la dépêche de M. le Ministre de l'Agriculture, en date du 12 août 1891 ;

« Vu la délibération du Conseil général de la Marne, en date du 22 août 1891 ;

Sur la proposition du vétérinaire délégué, chef du service des épizooties ;

« Considérant qu'il y a lieu de prendre d'urgence des mesures énergiques pour prévenir l'invasion et empêcher la propagation des maladies contagieuses des animaux dans le département de la Marne,

« Arrêtons :

Article 1er. — La tenue des foires et marchés, concours agricoles, réunions ou rassemblements sur les places et voies publiques, ayant pour but l'exposition ou la mise en vente des animaux des espèces chevaline, bovine, ovine, caprine et porcine, est formellement interdite dans les communes qui n'auront pas satisfait aux prescriptions de l'article 39 de la loi du 21 juillet 1881, rappelé ci-dessus.

« Art. 2. — Les Maires de toutes les communes où se tiennent et se tiendront des foires et marchés devront, dès la réception du présent arrêté, passer avec un vétérinaire un traité pour la surveillance des animaux exposés ou mis en vente. Ce traité nous sera adressé sans retard accompagné de la délibération, en double expédition, par laquelle le Conseil municipal aura voté le crédit nécessaire pour assurer le paiement de l'indemnité stipulée au profit du vétérinaire, dans les conditions prévues par l'article 39 de la loi susvisée du 21 juillet 1881.

« Art. 3. — Les Maires des communes où se tiendront accidentellement les réunions mentionnées à l'article 1er du présent arrêté, devront nous informer, quatre jours au moins avant les réunions, des dispositions qu'ils auront prises en vue d'assurer l'inspection des animaux par un vétérinaire.

« Art. 4. — Le vétérinaire-inspecteur nous fera parvenir, dès le lendemain de la tenue des foires, marchés, concours agricoles, réunions ou rassemblements d'animaux, un rapport faisant connaître les résultats de son inspection.

« Art. 5. — MM. les Maires, Commandant de gendarmerie, Commissaires de police, gardes champêtres et vétérinaires sanitaires sont chargés, chacun en ce qui le concerne, de l'exécution du présent arrêté, qui sera publié et affiché dans toutes les communes du département et inséré au *Recueil des Actes administratifs*.

« Châlons, le 27 novembre 1891.

Le Préfet de la Marne,

« P. VIGUIÉ. »

ABATTOIRS PUBLICS ET TUERIES PARTICULIÈRES. — ARRÊTÉ.

« Nous, Préfet du département de la Marne, Chevalier de la Légion d'honneur,

« Vu la loi du 21 juillet 1881 sur la police sanitaire ;

« Vu le décret du 22 juin 1882, portant règlement d'administration publique pour l'exécution de ladite loi, notamment les articles 89 et 90 ;

« Vu le décret et l'arrêté ministériel du 28 juillet 1888 ;

« Vu le décret du 25 mars 1852, tableau B ;

« Vu le décret du 10 mai 1886 ;

« Vu la loi du 5 avril 1884 ;

« Vu la dépêche de M. le Ministre de l'Agriculture en date du 22 août 1891 ;

« Vu la délibération du Conseil général de la Marne, en date du 22 août 1891 ;

« Considérant qu'il est nécessaire et urgent, aussi bien dans l'intérêt de la santé publique que pour prévenir l'invasion et empêcher la propagation des épizooties, de faire visiter les animaux et les viandes destinés à l'alimentation ;

« Sur la proposition du vétérinaire délégué, chef du service des épizooties,

« Arrêtons :

« Article 1er. — Les abattoirs publics et les tueries particulières sont mis, conformément aux articles 89 et 90 du décret du 22 juin 1882, sous la surveillance d'un vétérinaire.

« Art. 2. — Les tueries particulières non autorisées par arrêté préfectoral, seront immédiatement fermées.

« Art. 3. — Dès la réception du présent arrêté, les Maires des communes où il existe des abattoirs publics ou des tueries particulières nous feront parvenir un arrêté nommant le vétérinaire chargé de la surveillance et de l'inspection de ces établissements, et portant création et organisation du service de surveillance et d'inspection.

« Art. 4. — Dans les communes non pourvues d'un vétérinaire, la surveillance et l'inspection de ces établissements pourra être exercée par un agent non vétérinaire, ayant des connaissances suffisantes et choisi par l'autorité municipale.

« Art. 5. — Dans les communes mentionnées à l'article 4, le maire devra en outre désigner un vétérinaire résidant dans une commune voisine, lequel sera chargé de la surveillance générale de ces établissements. Celui-ci les visitera à époque indéterminée, au moins une fois par mois. Il s'y rendra également si des contestations survenaient entre les intéressés et l'agent municipal désigné à l'article 4.

« Art. 6. — Toutes les fois que l'agent municipal

dont il est question à l'article 4 constatera une lésion quelconque dans les organes ou que la viande lui paraîtra suspecte, que des contestations s'élèveraient entre lui et les intéressés, il devra prévenir sans retard le vétérinaire chargé de l'inspection, lequel devra se transporter d'urgence à l'abattoir ou à la tuerie particulière et nous adresser, s'il y a lieu, un rapport sur les faits constatés par lui.

« Art. 7. — La visite des animaux destinés à l'alimentation publique aura lieu sur pieé ou après l'abatage, les viscères fixés naturellement en place, les plèvres et le péritoine non grattés.

« Art. 8. — MM. les Vétérinaires inspecteurs devront faire usage du certificat de santé à courte échéance et de marques particulières. Le certificat devra contenir des indications suffisamment précisées pour éviter la substitution d'animaux.

« Art. 9. — Les viandes foraines seront soumises aux mêmes règles d'inspection que celles édictées dans les localités où elles seront vendues.

« Art. 10. — Les infractions aux présentes dispositions seront poursuivies et déférées aux tribunaux compétents.

« Art. 11. — MM. les Maires, Commandant de Gendarmerie, Commissaires de police et Gardes champêtres sont chargés, chacun en ce qui le concerne, de l'exécution du présent arrêté, qui sera publié et affiché dans toutes les communes du département et inséré au *Recueil des Actes administratifs*..

« Châlons, le 27 novembre 1891.

« *Le Préfet de la Marne*,

« P. VIGUIÉ. »

ATELIERS D'ÉQUARRISSAGE. — ARRÊTÉ.

« Nous, Préfet de la Marne, Chevalier de la Légion d'honneur,

« Vu la loi du 21 juillet 1881 sur la police sanitaire ;

« Vu le décret du 22 juin 1882 portant règlement d'administration publique pour l'exécution de ladite loi, notamment les articles 91 et 92 ;

« Vu le décret et l'arrêté ministériel du 28 juillet 1888 ;

« Vu le décret du 10 mai 1886 ;

« Vu la loi du 5 avril 1884 ;

« Vu la dépêche de M. le Ministre de l'Agriculture, en date du 12 août 1891 ;

« Vu la délibération du Conseil général de la Marne, en date du 22 août 1891 ;

« Sur la proposition du vétérinaire délégué, chef du service des épizooties ;

« Considérant qu'il est nécessaire et urgent, pour prévenir et empêcher la propagation des épizooties, de faire visiter les ateliers d'équarrissage ;

« Arrêtons :

« Art. 1er. — Les ateliers d'équarrissage non autorisés par arrêté préfectoral seront immédiatement fermés.

« Art. 2. — Ces établissements sont mis, conformément à l'article 92 du décret susvisé, sous la surveillance d'un vétérinaire, lequel sera désigné par nous, sur la proposition du vétérinaire délégué.

« Art. 3. — Le vétérinaire devra visiter ces établissements à époque indéterminée, au moins une fois par mois et il nous rendra compte sans retard du résultat de sa visite.

« Art. 4. — Le propriétaire de l'atelier d'équarrissage est tenu d'avoir un registre sur lequel tous les animaux seront inscrits dans l'ordre de leur arrivée ; cette inscription s'applique à toutes les entrées, qu'il s'agisse de cadavres ou d'animaux destinés à être abattus et le registre devra mentionner pour les premiers la cause de la mort, et pour les autres, le motif de l'abatage. Ce registre sera parafé par le vétérinaire à chacune de ses visites.

« Art. 5. — Le propriétaire de l'établissement, ainsi que le vétérinaire chargé de la surveillance, devront également nous aviser sans retard des maladies contagieuses constatées par eux. Ils joindront à leur lettre une copie des registres en ce qui concerne l'animal reconnu malade.

« Art. 6. — Les contraventions aux présentes dispositions seront constatées par des procès-verbaux et déférées aux tribunaux compétents.

« Art. 7. — MM. les Maires, Commandant de gendarmerie, Commissaires de police et Gardes champêtres sont chargés, chacun en ce qui le concerne, de l'exécution du présent arrêté qui sera publié et affiché dans toutes les communes du département et inséré au *Recueil des Actes administratifs*.

« Châlons, le 27 novembre 1891.

« *Le Préfet de la Marne*,

« P. VIGUIÉ. »

Ventes publiques d'animaux. — Avis.

Nous, Préfet du département de la Marne, chevalier de la Légion d'honneur,

Vu la loi du 21 juillet 1881 sur la police sanitaire ;

Vu le décret du 22 juin 1882 portant règlement d'administration publique pour l'exécution de cette loi ;

Vu le décret et l'arrêté ministériel du 28 juillet 1888 ;

Vu les circulaires ministérielles des 20 août 1882 et 30 août 1888 ;

Vu la loi du 5 avril 1884 ;

Vu la dépêche de M. le Ministre de l'Agriculture, en date du 12 août 1891 ;

Vu la délibération du Conseil général de la Marne, en date du 22 août 1891 ;

Considérant qu'il importe, au point de vue sanitaire, de soumettre à la visite du service sanitaire départemental les animaux mis en vente ;

Sur la proposition de M. le Vétérinaire délégué, chef du service des épizooties,

Arrêtons :

Article 1er. — Les animaux susceptibles de contracter les affections contagieuses mentionnées dans la loi sanitaire du 21 juillet 1881, les décrets des 22 juin 1882 et 28 juillet 1888 et l'arrêté ministériel du 28 juillet 1888, ne pourront à l'avenir être mis en vente publique dans toute l'étendue du département de la Marne sans un certificat d'un vétérinaire sanitaire ayant au plus cinq jours de date.

A cet effet, l'officier ministériel chargé d'une vente

publique d'animaux devra en faire, huit jours à l'avance, la déclaration au maire de la commune dans laquelle la vente devra avoir lieu.

Cette déclaration contiendra les indications ci-après : espèce et nombre des animaux à vendre, lieu, jour et heure de la vente et nom du vétérinaire sanitaire chargé de la visite. A défaut de cette dernière indication, le maire désignera d'office le vétérinaire sanitaire. Celui-ci constatera l'état des animaux et nous en rendra compte sans aucun retard.

ART. 2. — Les contraventions au présent arrêté feront l'objet de procès-verbaux qui seront transmis aux tribunaux compétents.

ART. 3. — MM. les Maires, Commandant de gendarmerie, Commissaires de police, Gardes champêtres et Vétérinaires sanitaires sont chargés, chacun en ce qui le concerne, de l'exécution du présent arrêté, qui sera publié et affiché dans toutes les communes du département et inséré au *Recueil des Actes administratifs*.

Châlons, le 27 novembre 1891.

Le Préfet de la Marne,
P. VIGUIÉ.

Annexe à l'arrêté du 27 novembre 1891 relatif à la surveillance des abattoirs et tueries.

1° Les tueries particulières existant sur le territoire de la commune de........., sont placées sous la surveillance générale de M............, Vétérinaire sanitaire.

Cet agent aura pour mission de les visiter au moins

.... fois par mois et de veiller à l'application des mesures prescrites par l'arrêté préfectoral du 27 novembre 1891.

2° La surveillance journalière des tueries sera exercée par M........., qui sera chargé de visiter les animaux destinés à être abattus et d'estampiller les viandes reconnues propres à la consommation.

Le nombre des marques sera de quatre au moins pour chaque animal. Toute pièce détachée portera une estampille.

3° Les viandes reconnues impropres à la consommation seront saisies puis dénaturées, enfouies ou livrées à l'équarrissage aux frais du propriétaire.

4° Aucun animal ne pourra être abattu dans les tueries particulières établies dans la commune sans que le préposé à la surveillance journalière ait été prévenu au préalable des jour et heure de l'abatage.

5° Aucune viande fraîche ne pourra être colportée ou mise en vente sur le territoire de la commune si elle n'est revêtue de l'estampille du préposé communal ou d'un abattoir ou tuerie régulièrement autorisé et surveillé ou accompagnée d'un certificat d'un vétérinaire attestant qu'elle est bonne pour la consommation.

6° Le préposé à la surveillance journalière devra aviser immédiatement le vétérinaire chargé de l'inspection des cas de maladies, des altérations des organes constatés par lui ou des contestations relativement à la qualité de la viande, qui pourraient surgir entre lui et les bouchers.

7° Les frais d'expertises seront réglés conformément au droit commun.

TABLE

1352. — Imp. de l'Union républicaine.

www.ingramcontent.com/pod-product-compliance
Ingram Content Group UK Ltd.
Pitfield, Milton Keynes, MK11 3LW, UK
UKHW021113260726
13994UKWH00002B/875

9 782329 469263